纺织新技术书库

天然染料及其染色应用

于颖◎著

中国纺织出版社有限公司

内 容 提 要

本书系统地阐述了天然染料的应用、分类，提取及染色新方法，天然助剂和染料的开发及印花，新型天然染料手绘和印花色浆的制备，天然染料数码喷墨印花用墨水的制备，并指出天然染料在应用中存在的问题，同时对天然染料的研究现状做了概述。

本书可为从事纺织和染整相关专业人员积极发掘、抢救传统天然染料的加工制造工艺，不断研究开发符合生态标准的新染料及染色工艺提供借鉴，也可供纺织和染整专业的教师、学生学习参考。

图书在版编目（CIP）数据

天然染料及其染色应用/于颖著. --北京：中国纺织出版社有限公司，2020. 10（2024.4重印）
（纺织新技术书库）
ISBN 978-7-5180-7644-4

Ⅰ. ①天… Ⅱ. ①于… Ⅲ. ①天然染料—应用—染色（纺织品） Ⅳ. ①TS193

中国版本图书馆 CIP 数据核字（2020）第 127209 号

策划编辑：范雨昕　　　　责任编辑：朱利锋
责任校对：王花妮　　　　责任印制：何　建

中国纺织出版社有限公司出版发行
地址：北京市朝阳区百子湾东里 A407 号楼　邮政编码：100124
销售电话：010—67004422　传真：010—87155801
http://www.c-textilep.com
中国纺织出版社天猫旗舰店
官方微博 http://weibo.com/2119887771
北京虎彩文化传播有限公司印刷　各地新华书店经销
2024 年 4 月第 2 次印刷
开本：710×1000　1/16　印张：14
字数：205 千字　定价：98.00 元

前 言

随着人们健康意识的增强，绿色、安全且兼具装饰功能和医疗效果，使用方便，利于保存的天然染料，在经历了150年的冷落之后又重新受到人们的重视。特别是欧盟对部分合成染料的禁用，使得有关天然染料的研究报道逐年增多。与化学合成染料相比，天然染料的应用领域更广阔，更适合于开发新功能性纺织品，如高档真丝制品、保健内衣、家纺产品、装饰用品等。对于消费者而言，这些纺织产品具有不可抵御的魅力，迎合了现代人回归大自然、强身健体的消费心理。

天然染料一般来源于植物、动物、微生物和矿物质。因矿物质染料着色不够牢固，色系的丰富程度有限，色彩的纯粹度难以保证，而微生物和动物染料种类极少，所以以植物染料为主。天然染料具有优良的环保特性，资源可以循环利用，色彩韵味独特，还具有抗菌防蛀、防紫外线吸收等功能，对皮肤无过敏性和致癌性。天然染料染色是一种优化环境、自然和人类的染整加工技术，其染色处理后的织物既保持了原有的质感和良好的吸湿性，又满足了环保、生态的生产需求，符合健康、功能化的服用要求。我国的四大名锦、香云纱、蓝印花布、蜡染、扎染、夹缬等国家级非物质文化遗产大都是借助天然染料染色完成的。

天然染料不仅在纺织印染业有着广泛的应用前景，在化妆品、食品、医药等领域也有着巨大的发展空间。我国染料业在产品创新能力、生产技术水平、产品质量和环境保护等方面与国外仍存在一定差距，尤其是环保型新产品缺乏，环境污染治理任务艰巨，使我国染料工业缺乏市场竞争力，发展缓慢。扩大能用于纺织品染色的天然染料的种类是目前天然染料染色研究的主要任务，也是未来染料工业发展的一个重要方向，产业化的道路还很长。在人类历史上，天然染料为美化人们的生活做出了巨大的贡献。研究传统天然染料染色艺术的历史、工艺与文化，把握和创作天然染料在印染行业应用的时代价值，从中汲取营养，创新研发当代天然染料染色艺术文化产品，传播天然染料染色文化，是历史赋予我们每一位染整工作者的责任与使命。我们要努力促进传统天然染料染色艺术的现代化发展，应用现代科学技术开发这一宝贵遗产，合理利用天然染料资源，满足国内外对天然、环保及功能性纺织品日益增长的需要。

我国物产丰富，拥有数千年应用天然染料的历史。我们应该对这种流传数千年的先民智慧加以研究与发扬，使这门艺术重新复兴。现在已有专家学者研究开发天然染料的大规模种植、生产、加工和染色技术，染料技术的发展已比较成熟，但真正能用于工业生产的天然染料品种却极为有限。其生产应用还存在原材料供应难、价格高、无统一标准、染料的色素稳定性不高、染色过程复杂、色谱不齐全、上染色泽不深、染色牢度较差等问题，无法实现商业化，更不能完全替代合成染料。

在传承和发扬传统天然染料的提取、印染技术的同时，加强天然染料的研究开发，向其制备及染色工艺注入新的科技，运用现代科学技术手段选择、培育出具有良好前景的染材并改进传统工艺，在保护环境资源的前提下，以清洁生产、回归自然、促进人类可持续发展为初衷，推进天然染料生产体系的发展。相信在不久的将来，天然染料一定会重新焕发出新的生命活力，让世界变得更加绚丽多彩。

著者

2020 年 5 月

目 录

第一章　天然染料的应用概况

第一节　天然染料在纺织品染色中的应用发展史

一、天然染料在远古时期的应用——装饰性及编织物染色

人类使用天然染料的历史可以追溯到距今5万~10万年的旧石器时代。我国是使用天然染料最早的国家,早在1.5万年以前,山顶洞人就会使用红色矿物颜料染色石制装饰品。六七千年前的新石器时代,人们就能够用赤铁矿粉末将麻布染成红色。植物染料染色的历史可以追溯到4500多年前的黄帝时期,人们利用植物的根、茎、叶、花、果、皮的汁液来染色衣饰,以达到改善外观的效果。青海柴达木盆地区的原始部落,能把毛线染成黄、红、褐、蓝等色,织出彩色条纹毛布。

在国外,远古时候纽克里特人制成了著名的染料泰尔紫;后来腓尼基人利用泰尔紫将毛织品染成鲜艳的紫蓝色;距今6000年前秘鲁人掌握了靛蓝染色技术;距今5500年前的埃及人已开始使用红花染料;公元3000年前美索不达米亚人已掌握了媒染染色的技术,同时代古埃及的金字塔墓壁上出土的红色染色织物证明植物染料在当时已大量使用;约2500年前印度人已有用靛蓝、茜草及胭脂虫等作染料染棉织品的记录;公元前550年希腊已形成羊毛手工纺织和染色的工作坊。这些都说明古代人很早就已懂得应用天然染料。

二、天然染料在夏商周时期的应用——设立专门管理部门

夏代,除使用丹砂等矿物颜料外,许多野生植物已用作染料,人们开始种植

草染植物，并且进行染色应用，玄衣黄裳的服色就是利用植物染料染色而成。商周时期，染色技术不断提高，染织业在人们的生活中十分普及，在甲骨文和金文中有很多关于染织服饰的文字。周代，设有专职的官吏"染人"来管理染色生产。植物染料在品种和数量上达到一定规模，染出的颜色也不断增加，普遍流行的植物染料有蓝草、茜草、红花、栀子、苏木、槐米、紫草、黄柏、荩草等。并将染色分为煮、渍、暴、染四个步骤，还创造出了套染技术。到了东周时期植物染料已在民间普遍应用，周王祭祀先帝时穿着的黄色祭服就是由栀子染成的。

三、天然染料在春秋战国时期的应用——草染工艺技术成熟

战国以前，已经有了丝和麻的精练、染色、绘画等织物加工系统。套染及媒染等草染工艺技术已经十分成熟，织物色彩十分绚丽。在染草的品种、采集、染色工艺、媒染剂（酒糟制作的酒精、青矾固色）的使用等方面，形成一套成熟的管理制度。那时的齐国流行由紫草染成的紫色衣服，楚国设有主持生产靛蓝的"蓝伊"工官，出现了专门染色的染坊，有黄、红、紫、蓝、绿、褐、黑等完整色谱。丝织物染色分为石染和草染。利用植物染料成为染色工艺的主流，西晋时期已能染出靛蓝以外的十多种纺织品。

四、天然染料在秦汉时期的应用——有专门种植染草的农户

在秦代设有"染色司"。秦汉时期，染料植物的种植面积和品种不断扩大，开发的种类名目很多，已经出现规模性经营，植物染料生产和消费的数量相当大，利用植物染料印花的缬类织物盛行。栀子和茜草同为先秦两汉时期的重要染料，宫中御服都是运用栀子进行染色。汉代染色技术达到了相当高的水平，已大规模种植茜草。魏晋时期大力发展植物染料，文献中有从苏木提取黄色染料的记载。南北朝以后，黄色染料又有地黄、槐树花、黄檗、姜黄、柘黄等，可供常年存储使用。北魏时期的文献中记载有染料植物的种植和萃取染料过程，《齐民要术》则记载有制备染料的"杀红花法"和"造靛法"。东汉《说文解字》中有 39 种色彩名称，观赏性的蜡染出现于汉代，至今，贵州、云南、广西等地的蜡

染仍然流行。南北朝时期印染艺术纹缬(也叫撮缬、撮花、撮晕缬,现代称扎染)已出现。

五、天然染料在唐宋时期的应用——植物染料大量存储

唐宋时期设有“染院”。这一时期生产和消费的植物染料数量很大。染织工业已相当发达,形成丝绸织染技术的全盛时期。染色技术更加全面,印染工艺成就斐然,主要有夹缬、蜡缬、绞缬、碱印等几种。随着染色工艺技术的不断提高和发展,纺织品颜色也不断地丰富,色谱也越加完备。吐鲁番出土的唐代丝织物色谱有24种颜色,所用的染料主要有红花、茜草、黄栀、靛蓝、黄柏、冬灰等;唐朝流行的石榴裙就是以红花、茜草、苏木等渲染而成的鲜丽大红色;四品以上的官服由苏木染制;柘黄染制的黄袍成为隋唐时期的几位皇帝乃至宋代以后皇帝专用。宋代的印染技术已经比较全面,色谱也较齐备。深受宋代女子喜爱的槐花染料开始取代了栀子染色,紫色也不再是下层社会的主要服饰色。

六、天然染料在明清时期的应用——鼎盛时期

明清时期,我国天然染料的制备和染色技术都已达到很高的水平,设有“蓝靛所”等管理机构,负责掌管染料,用于制作染料的植物已达几十种。民间开设的私家染坊十分普遍,专门从事染织业的染匠人数众多。染料植物的种植、制备工艺和印染技术等都相当成熟。明代《天工开物》《天水冰山录》则记载有57种色彩名称及一些染料的来源、染制和定色的方法。清代的《雪宧绣谱》记载各类色彩名称共计704种。在少数民族地区,各种印染艺术逐渐形成独特风格。乾隆时期的上海有蓝坊、红坊、漂坊、杂色坊等。近代出现了比较复杂的印花技术。天然染料不仅自给自足,而且还大量出口日本、韩国、东南亚等国家和地区。仅光绪初年,从汉口输出的红花达6000担;从烟台输出的茜草和紫草达4000担,五倍子达20000多担;从重庆输出到印度的郁金达60000担。制取植物染料的技术也沿丝绸之路传播到西亚各国,对当时世界印染技艺产生了深远的影响。1834年法国的佩罗印花机发明以前,我国一直拥有世界上最发达的手

工印染技术。19世纪中叶，合成染料的问世使植物染料慢慢地退出了历史舞台，只有偏远的地区还在继续使用。

七、天然染料在现代的应用——重新引起关注

19世纪中期合成染料逐渐取代天然染料。1902年合成染料引入我国，至今仍占据染料市场。近年来，在可持续发展的改革背景下，随着人们环保意识的提升，曾经一度销声匿迹的传统天然染料及染色技术又重新得到人们的认可，回归纺织品染色生产中。在国外，日本、韩国、意大利、印度、英国、美国、秘鲁等国家一直有专门的研究机构和专家学者在发掘、抢救传统天然染料加工、染色工艺基础上，不断研发符合生态标准的新染料、新工艺。日本成立“草木染”研究所，主要从事天然染料的提取和染色新产品的开发；晃立公司已批量开发棕、绿、蓝三个色系的植物染料；大和染公司推出“草衣染色”；形染公司推出“靛蓝印花”；日本的研究机构还发现了能产生青紫色色素的微生物，并将其用于染色。美国Allegro天然染料公司可提供100多种色泽的棉用全天然染料。英国研究人员将掌状革菌、粗毛纤孔菌等大型真菌作为天然染料用于染色。印度大学利用溶解萃取和酶萃取开发出黑、蓝、紫罗兰、红棕四种色系染料；韩国在天然生物活性物质的萃取及提纯技术研究方面领先。近年来，我国在天然植物染料提取工艺研究、蛋白质纤维的染色工艺、媒染剂和开发新型染料等方面也正在积极的探索中，也有很多成果已经推向市场。杭州彩润科技有限公司利用自主研发的微波、超声波设备，将板蓝根、茜草、栀子、红藤、虎杖、诃子、大黄、姜黄、藏青果、艾草、丹参等中草药植物加工成染料，选用甘草酸苷、木槿、无患子皂苷等天然助剂染色的养生保健纺织品色泽自然，清新艳丽，耐日晒色牢度达到4级左右；河北省邢台织染厂的岩土染色灯芯绒出口日本；宁波广源纺织品有限公司的植物染色童装品牌“OGNIC原真”，集抗菌抑菌护肤效果于一体；中科院已制得用于棉和丝绸染色的天然黄和天然绿；宝德集团利用中药材栀子、马兰草、洛神花提取三种原色染料，并通过配制色谱供应给客户；江苏三毛集团将植物染料用于制备高支天素丽环保型高档面料，效果较好。海澜集团和东华

大学纺织学院的专家学者采用现代技术对传统植物染料进行提取,对染整工艺进行创新,使之可以用于大规模生产并完成了天然染料色卡306种;深圳一些企业用棉麻代替真丝制成莨绸面料,应用于高档女装中。由天然染料染制的罗莱、富安娜、水星、凯盛家等绿色环保型和功能型品牌家纺产品完全符合国际环保生态标准,受到消费者的青睐。将我国传统的扎染、蜡染艺术与天然染料相结合开发的装饰品对于打破国际绿色壁垒、出口创汇、增强我国纺织产品在国际市场的地位等方面具有积极的现实意义。许多天然色素还因其特殊的成分及结构而应用于新型功能性纺织品的开发,如可医治皮炎的艾蒿染色织物,用红花、靛蓝、茜草、郁金染成的具有杀菌、防虫、护肤、防过敏的新型织物等。

第二节　天然染料在我国少数民族染织工艺中的应用

我国56个民族的染织工艺可谓异彩纷呈,天然染料在民族特色染织工艺上的应用,是适应社会发展、崇尚自然、追求个性化和绿色环保的需要。弘扬了我国传统纺织技艺,也提高了我国纺织服饰品的艺术附加值。少数民族地区的各种印染艺术在清代已形成独特的风格,扎染和蜡染是我国少数民族主要的印染工艺。“扎”的繁简依图案而定,图案越复杂,扎法越烦琐,工艺要求越高。“染”是采集板蓝根、黄连、杜鹃、红花、白草、山茶、红梨、黄栗等植物,经过加工,从中提取染料,再给扎好的白布染色,分为药染和蓝染。药染是用中草药植物做原料染成布料,因草药种类的不同,使布料具有不同药性,以满足人们的各种需求。蓝染主要是从板蓝根中提取蓝靛作为染料染制而成。少数民族喜爱蓝染,是源于对蓝色的喜爱。同时板蓝根具有消炎、杀菌、解毒的功效,对皮肤具有很好的保健作用。南方彝族、苗族、瑶族、壮族、白族、德昂族、哈尼族、拉祜族、傣族、佤族、景颇族、布依族、水族、布朗族、阿昌族、基诺族、傈僳族等少数民族都有靛染的习俗,许多民族种植蓝草,靛蓝技术非常普及。特别是瑶族,几乎家家种植蓝草,靛染织物达到相当高的技术水平,因而有“蓝靛瑶”之称。蜡染又叫蜡缬,是采用蜡防染技术对织物染色的一种印染工艺。蜡斑布在苗族、瑶族、壮族、侗族等非常普遍。大约在东汉年间,苗族、瑶族等少数民族就已经掌握蜡染印花布的技艺,唐代已盛行。目前,少数民族和偏远地区还盛行天然染料(如土靛)染色服饰品,出口的扎染和蜡染纺织品已在欧美流行并融入欧美主流时尚服饰中,这是将传统蜡染和扎染工艺的“靛蓝情结”向现代时尚的“商业运作”转轨的成功典范,现今的靛蓝已可由化学方法制成。下面列举一些具有代表性的少数民族运用天然染料进行染织的实例。

一、天然染料在苗族染织工艺中的应用

苗族服饰不下200种,被称为“穿在身上的史诗”。一般用色由自己漂染,分为红、黑、白、黄、蓝五种。苗族人民就地取材,擅长运用自然环境中的天然染料。矿物染料有赤铁矿、汞矿,植物染料有茜草、椿树皮等(黑色由山柳叶子和水一起熬煮得到;用椿树皮做红色染料;用蓼蓝的叶子与石灰水一起发酵得到蓝色;由栀子捣烂,放在缸钵里浸渍得到黄色;用绿条刺的皮加明矾熬成溶液得到绿色;用捣烂的南瓜叶反复浸泡得到白色)。印染有靛染、扎染、蜡染等多种工艺。蜡染是苗族古老民间艺术,用蓝靛蜡染染衣具有浓郁的民族风情和乡土气息,染料以木蓝属植物蓼蓝、松蓝、马蓝、吴蓝等的茎、叶发酵制成。

二、天然染料在壮族染织工艺中的应用

壮族的纺织、印染手工艺历史悠久。黑色是壮族服饰的主色调,古代、近代多以蓝靛作染料染色服饰。其用靛蓝染布的方法很独特:把蓝靛用水浸泡后,加入适量的新出窑未经风化的石灰调和,投料时还要加上少量生佛瑶(植物名)。十天后,除渣至出现青蓝色的泡沫为止。然后将温水过滤的灰水(用入冬后的楔叶堆烧成灰,)倒进染缸中,放进靛蓝,加上适量的烧酒调和成染料。将布放进染缸中浸泡后捞起,用清水洗净晾干后再染,反复染多次。染成黑、黄、青等色,再将植物过江藤和黄豆磨成的浆煎沸,加上适量的猪或牛血与布混合沤制,用清水洗净晾干后,把布折叠起来,放在舂布石上轻轻地舂平,直至布面

平滑,出现光亮后再用石滚碾实,布才染成。此外,壮族还有风格别致的蜡防染色,色泽鲜明、精美素雅,制成裙子及装饰品,至今兴盛。壮锦也是壮族民族文化瑰宝,色彩斑斓,主要是利用当地植物染料和有色土来进行染色。黄色用姜黄、黄泥;红色用苏木、土朱、胭脂花;绿色用树皮、绿草;蓝色用蓝靛;灰色则用黑土、草灰。各种颜色中均用土料搭配。

三、天然染料在布朗族染织工艺中的应用

织布和染色在布朗族服饰文化中占据着重要位置。布朗族染色具有悠久的历史,他们独特的染色技术在我国民族染织业中独树一帜。布朗族不仅能用蓝靛染布,而且懂得用"梅树"的皮熬成红汁染成红色,用"黄花"的根,经石碓捣碎,用水泡数日得黄汁染成黄色等,其色彩具有大自然之风韵,耐洗性良好。

四、天然染料在白族染织工艺中的应用

扎染是白族传统而独特的染色工艺,是一种具有文化价值和民族价值的商品,被誉为中国绞缬工艺文化的活化石,已被列入国家级非物质文化遗产。其扎染分为扎花和浸染两个环节。扎花是以缝为主,缝扎结合的手工扎花方法有1000多种纹样,以白色、嫩黄色、粉红色、天蓝色、浅绿色等为主,是千百年来历史文化的缩影,具有表现范围广泛、隽秀清新、变幻无穷的特点;浸染采用手工反复浸染工艺,形成以花形为中心,变幻玄妙的多层次晕纹,古朴雅致。古老的制作靛蓝及染色技艺流传至今,例如麻栎果壳染黑色和灰色,黑豆草染秋香色,水冬瓜片染咖啡色,水马桑染茶黄色。

五、天然染料在黎族染织工艺中的应用

黎族的绑染,是绞缬染锦的一种,是美孚黎特有的一种古老的染织技艺,也是中国棉纺历史的活化石。其色彩绚丽,有红、黄、黑、白、绿、青等色,如用乌墨树皮媒染黑色纱线,再用田泥对纱线进行套染;文昌锥树皮染红色,放入适量的媒染剂螺灰用以固色和提高纱线亮度等。天然染料染色的黎族织锦是高端产

品，创造了颇具民族特色的服饰文化，进入联合国首批急需保护的非物质文化遗产名录。所用天然染料有姜黄、落葵、苏木、枫香、古木、乌黑、山蓝、假蓝靛、板蓝、蓼蓝。其泥浆染色技术比较独特，在染料配制时，为了加强染料的渗透性，加少量的酒，全凭前辈的传承和个人习得与经验。绁染技艺有重要的历史价值、艺术欣赏价值和实用价值。

六、天然染料在彝族染织工艺中的应用

巍山彝族用天然植物染料扎染衣服、裙、帽、包、地毯及各种面料。彝族很早就掌握了利用蓼蓝提取靛蓝染料的方法。有蓝染、彩染、贴花等系列产品，既有较高的艺术欣赏价值，又有较强的实用性。

七、天然染料在瑶族染织工艺中的应用

瑶族盛行蜡缬、夹缬等蜡染技艺，久负盛名的瑶斑布就是将夹缬和蜡缬工艺相结合，由蓝靛染色而成。其方法为：先用加热熔化的蜡液在白布上描绘图案，然后放进靛蓝草发酵后的白色溶液中，经空气氧化后用水煮，把蜡脱去而成。除蜡染之外，还有扎染等布帛印染工艺，以红、黄、蓝、黑、白五色为主。

八、天然染料在仫佬族染织工艺中的应用

广西罗城仫佬族崇尚深青色，其扎经染色法也是一种传统而特殊的扎染工艺，其方法为：事先将经线按图案要求进行植物染料染色，然后再织造出面料，因不是完全色织而产生一种朦胧的效果。

九、天然染料在水族染织工艺中的应用

水族特有的豆浆染布历史悠久，是水族世代传承的一种印染技艺。其方法为：把豆浆与黄豆粉搅拌成糊，涂抹在（覆盖带有孔洞的软胶板）白布上，豆面糊干透后，把白布加入染缸中染色，染料多为靛蓝。

十、天然染料在侗族染织工艺中的应用

侗族的祖先很早就掌握了植物染料的制作与染色工艺，传统的蓝靛靛染工艺流传了数千年。侗族自己纺纱、织布、洗染（蜡染为主）制作服饰，常用黑、青（蓝）、深紫、白等四色。由白侗布加工成的亮布很有特色，工艺也极其复杂，制作过程为：将靛草沤进大缸4~6天发酵后，再加入蛋清、白酒、糯禾灰、薯莨及金樱子制成的树水、牛皮胶浆等其他材料，经20天左右反复浸染、蒸晒、捶打，染成的布面厚实而闪烁发亮，质硬不褪色，多用作节日盛装布料。

十一、天然染料在维吾尔族染织工艺中的应用

新疆印染技术历史悠久，印染花布十分著名，是包括维吾尔族在内的具有代表性的民间手工艺之一，同时也是中国最具有代表性的传统凸版手工印染技艺之一。艾德莱丝绸是新疆极富民族特色的独特产品，多用于女性服装面料，采用我国古老的扎染工艺，多为翠绿、宝蓝、黄、桃红、金黄等明亮的颜色。染料是采用天然的植物和矿物染料，如国槐、茜草、核桃、红柳花、靛蓝、绿矾等。其传统防染方法是采用玉米皮隔离，现代采用丙纶薄膜来防染。

十二、天然染料在傣族染织工艺中的应用

傣族织锦是流传在傣族的一种民间工艺，有棉织锦和丝织锦两种。使用纯天然染料咖啡、可可、红曲米、五倍子、胭脂虫，紫胶虫、朱砂、赭石等。媒染剂有草木灰、明矾、皂矾、绿矾、泥土、矿物质，还利用了酸性水果汁、盐等，采用扎染、段染等染色工艺。

十三、天然染料在布依族染织工艺中的应用

布依族染织技术在民族染织业中独树一帜。布依族传承了织布、靛染、蜡染、挑花、刺绣的传统织染制作工艺。面料多为自织自染的土布，多为青、蓝、白等色，染料除了靛蓝，还有用梅树的皮熬成的红汁、黄花的根舂成的黄汁等。除

了传统的扎染、靛蓝染色技艺，还采用了古老的缝染、蜡染、叠染、枫香染技术，对传统文化的传承和原生态纺织品的开发都具有重要意义。

十四、天然染料在藏族染织工艺中的应用

拥有2000年历史的藏毯作为具有民族特色的产品，已成为国际手工地毯市场上主要的消费品之一，与波斯地毯、土耳其地毯并称为世界三大名毯。染色工艺以天然染料为主，采用的是植物染料（橡壳、大黄叶根、槐米、板蓝根）及矿物染料，色泽艳丽而不褪色，蕴含丰富的传统民间文化底蕴，具有极高的历史文化艺术价值、实用价值和商业价值，2006年列入第一批国家级非物质文化遗产名录。传统的藏毯所用染料一般就地取材，如狭叶红景天、核桃皮、盐碱土、木通、枝状地衣、草红花、藏青果、余柯子等均为可利用的染材。依托藏区特有的矿、植物染料资源和传统的染织技术与现代机械设备相结合的方式发展藏毯产业，具有很大的潜在优势，将会带来明显的经济效益和社会效益。

第三节　天然染料在纺织品文物保护中的应用

中国是世界上最早形成织染、染整和染料工业化、专业化生产的国家之一，遗存有大量纺织品文物。如1972年从长沙马王堆一号汉墓出土大批彩绘印花丝绸织品，所用染料颜色品种达29种，色泽达36种；1976年从内蒙古出土一些西周时期的彩色丝织物；1982年从江陵马山一号墓出土大批保存完好的数十种色彩的丝织和刺绣品；2006年从北京市石景山区清代墓葬中出土彩色纺织品；2014年初，62件（组）莫高窟残缺、褪色的纺织品文物被修复好，这些纺织品是古代历史的珍贵实物见证，具有很高的历史、考古、科学及经济价值，对纺织品文物的鉴别、保护、修复及传承方面具有重要意义，通过鉴定纺织品染料并结合历史资料，可以更科学地整理古代纺织品的色彩信息，为真实地还原色彩提供准确的数据参考依据，对传统工艺中蕴含的古老智慧和历史文化进行挖掘。

一、文物纺织品中天然染料及染色方法的鉴别分析

对古代纺织品使用染料成分的鉴定和分析可以深入了解古代纺织文化，探究古代的染色工艺，有助于我们对古代色彩进行复原，补充失传的古代染色流程，掌握古代纺织品存放环境，以防止在存储过程中对纺织品文物造成不可逆的破坏与损失。

天然染料是纺织品文物的主要组成部分，从天然染料角度出发研究纺织品文物，确保纺织品文物的真实性，是对纺织品文物鉴别新的尝试。纺织品文物中的染料因易于降解、含量低且成分复杂等诸多原因，其鉴定是文物分析领域的难点。随着纺织品测试技术的发展，通过温和条件下的无损高效液相色谱、薄层色谱（TLC）、拉曼光谱、X 荧光光谱等方法对纺织品文物（衣饰、娟帛画、经幡、缂丝和印花画布等）中的染料与现代标准染料样品进行比对分析，辨别织物的染料成分；通过指纹谱图的比对推断其相应的染料来源和在染色过程中媒染剂的使用情况，并对染色工艺进行探究，结合古代文献以及色彩复原实验，判断该纺织品染色程序及方法；确定温度、光照对染色文物的影响；分析染料在储存过程中颜色伴随内部结构的变化，进而确定纺织品文物。纺织品有别于其他的无机类文物，它更容易受到自然环境的影响，利用现代分析方法，鉴别出古代染料的种类，能为纺织品保护提供准确的基础信息，使保护研究能够更加切实有效。

古纺织品都是运用传统的天然染料[如红色系（赤色）的茜草、苏木、红花；黄色系的槐米、藤黄、黄檗、黄栌、地黄、密蒙花；蓝色系的蓝草；黑色系的乌桕和五倍子等]进行染色，合成染料很难做到完全一致。这些天然染料与现在的合成染料有很大区别，除了颜色上有较大的差异外，气味也不同，色泽上前者朴实、自然，有水洗过的陈旧感稍显暗淡，无刺激气味，后者颜色艳丽、明快，有刺鼻气味。合成染料属于无机染料，成分单一，纯度高。植物染料是多成分组合体即有色素，也有很多其他物质，受到一定的限制，色谱不是很齐全，在光谱仪的照射下可以看出，植物染料染色的波峰低、带宽；化学染料染色的色谱要齐

全，波峰高、带窄。这些天然染料与合成染料的区别也可以作为鉴别古纺织品真伪的一些依据。

此外，历朝历代史料记载的主要流行颜色，夏朝多以黑色为主，商代喜爱白色，周朝尚红，秦朝尊崇黑色，汉朝喜欢黄色，魏朝流行青色，晋朝喜欢紫色，唐朝流行黄色，宋朝和明朝流行黄色和红色，清朝喜欢黄色等，也为古代纺织品染料的鉴别提供参考。如使用超高效液相色谱法、拉曼光谱分析法能检测出长沙马王堆汉墓出土的丝绸织品中红色系由矿物染料朱砂、植物染料茜素和含铝钙的媒染剂染色而成，蓝色系是由蓝草染成，黄色系是由黄栀染成，同一色系不同的色阶是采用了套染法；辽代耶律羽墓中丝绸手绘饰品的黑色主要成分为墨；河北隆化鸽子洞元代蓝棉袄采用蓝草中的靛蓝染色，色素成分有靛蓝素和靛玉红；北京市石景山区清代墓葬出土的纺织品染料为苏木、黄檗、含鞣花酸染料（可能是橡斗）及蓝草四种；来源于清代的龙袍和故宫养心殿的壁布由槐米染料染成；对新疆地区出土的古纺织品染料进行 HPLC—PDA—MS 法检测，鉴定出了纺织品中含有的色素，从而确认了染色植物种类。例如，中国最早的植物染料遗存新疆小河墓地的毛织物上的红色染料来自本地区的植物染料茜草；东汉民丰尼雅遗址不仅出土有新疆本地染料染色的毛织物，还有黄檗和茜草染色的丝绸；魏晋尉犁营盘墓地的红色毛织物均为新疆本地茜草染色；唐代的阿斯塔那出土的一件绿地印花绢裙为灰缬工艺，使用的染料可能为靛青和黄檗套染；宋代喀什出土的锦袍上的黄色染料是中亚（伊朗和阿富汗）特有的黄花飞燕草。

二、文物纺织品中天然染料的防褪色和修复方法

古代纺织品上天然植物染料的鉴定、修复对文物保护十分重要。古代纺织品文物保护修复中的染料的选择必须遵循纺织品文物修复的特殊要求，天然染料对残缺、褪色的古代纺织品的修复作用巨大。纺织品褪色变色伴随着染料结构的变化，研究不同条件下纺织品老化过程中染料的劣化规律，对加固有效性和持久性进行评估，以延缓古代纺织品文物的褪色、损坏过程。古代纺织物一般由皮革、蚕丝、棉、麻等构成，而染色材料大部分为植物，是微生物繁殖生长的

营养来源。在埋藏和保存过程中,因环境因素(经过温度、湿度、土壤的酸碱性、细菌、霉菌等)影响发生强烈变化,还能发生热氧老化和光老化作用而受腐蚀、发霉损毁,或者褪色、变色,这些特质使古代纺织品极难保存。通过技术手段获得古代纺织品色谱的染色技术参数,使古代纺织品的色彩复原能够实现,避免了合成染料对古纺织品色彩真实性的影响。天然染料对纺织品损伤很小,固有的抗菌、杀虫、保健的功能还能对古代纺织品存放起到保护作用。

三、天然染料研究可以作为纺织品文物保护的一个主要方向

从染料角度对文物保护进行研究,掌握染色纺织品文物染料种类、性能和染色工艺,同时从染料的颜色变化伴随的结构变化趋势可以为纺织品文物的保护提供建议,并制订色彩保护方案,丰富了文物保护的方法,对纺织品保护有着重要的作用。用拉曼光谱、荧光光谱、薄层色谱检测文物的染料和媒染剂,鉴别天然染料(现在纺织品染料与古代纺织品染料的区别),用液相色谱等方法分析染料变色前后的结构变化。通过对这些天然染料的研究,掌握了染料的历史年代及染色工艺,为纺织品文物的鉴别、保护和修缮提供理论依据。

第四节　天然染料在皮革染色中应用

皮革的历史几乎与人类文明史等长,春秋战国时期,我国皮革加工技术已有很大提高。古代军士穿着的护身漆甲就是由黑色皮革制成。欧洲文艺复兴时期,皮革工艺里被融入绘画的装饰。正统的欧洲风格的皮革工艺,始于采用哥伦布发现的新大陆的娇嫩植物加入蔓藤花纹图案。目前,绿色生态的天然染料应用于皮革染色,已成为皮革染料研究的重要方向。

一、用于皮革染色中的天然染料

天然染料应用于皮革染色还处于实验室阶段,用于皮革染料生产的天然染

料较少,大多数天然染料染色皮革色调阴暗,染色牢度也较差,传统的黑色调植物染料五倍子、栎实、莲子壳、柿叶、橡实、冬青叶、鼠尾叶、栗壳、乌桕叶等除外。这些天然染料大多因含有丰富的鞣质,在铁媒染剂下能染得非常好的黑色。还有姜黄、高粱红、红米红、核桃青皮等,多以有机酸或金属盐做媒染剂配合染色。厚皮香、杨梅、木麻黄、橡碗等在氧化剂作用下与铁盐通过配色反应,得到能够直接应用在皮革染色的黑色单宁染料,通过控制 pH 还可以得到不同深色系颜色;黄酮类天然染料红米红染色工艺与合成染料染色工艺类似,红花黄染料染色皮革颜色纯正;以紫色和黄色为主的生物碱类天然染料,如茜草染料有很高的上染效果;环烯醚萜类天然活性染料交联染色皮质时,由于环烯醚萜分子结构和蛋白质种类不同而呈现不同颜色,可作为一类新型天然活性染料;虫胶红染料在用量为 2.5%、时间 50min、温度 55℃ 染皮革后的颜色纯正,耐日晒牢度可达到 5 级;儿茶、长刺酸模、紫胶虫等天然染料有良好的抗菌性,尤其是没食子更好,染色皮革可赋予皮革制品一定的抗菌性能,能完全克服有机抗菌剂的缺点。现已开发了黑色和黄色的皮革染料,只有产、学、研相结合,积极开发新型多用途天然染料,才是真正发挥天然染料在皮革染色中优势作用的必经之路。

二、天然染料皮革杀菌剂

人们在关注皮革制品外观品质的同时,更关注其抗菌性能,特别是皮制服饰、皮鞋等产品。皮衣、皮裤和皮鞋等不能经常洗涤,长期穿用会滋生大量细菌。因此皮革杀菌剂显得尤为重要,成为提高皮革产品附加值的必不可少的助剂。制备抗菌类皮革产品具有重要的现实意义和经济效益,能够提高我国皮革制品的综合竞争力。目前皮革抗菌剂大多为有机抗菌剂,抗菌效果虽然比较好,但会引起不同程度的过敏和一定的副作用。天然染料染色皮革能够赋予皮革制品一定的抗菌性,克服有机抗菌剂的一些缺点。姜黄、没食子、大黄、儿茶、苏木、茜草、紫胶虫、艾草等都是极好的抗菌剂,特别是没食子对许多菌种都有抗菌效果,使用安全,成本低廉,还可减少环境污染。

三、几种常用天然染料染色皮革

皮革的染色方法简单易行，包括染色液制备、染色、软化、固色、封蜡几个主要步骤。这里介绍几种常用于皮革的天然染料染色环节。

(1)咖啡粉对皮革的染色。先将1kg咖啡粉加入5L热水煮沸后，冷却，将铬鞣羊皮浸入染色，染色温度为85℃，染色时间45min，再将染色后的皮革洗涤，烘干，得到成品。

(2)海娜粉对皮革的染色。将铬鞣羊皮投入质量分数为1%的铝媒染剂中，于60℃处理45min，再将铬鞣皮革浸入2%的海娜粉染料中，染色温度为80℃，染色60min，再将染色后的皮革经洗涤，烘干，得到成品。

(3)红花黄对皮革染色。将铬鞣皮革浸入3.5%的栀子黄染料中，染色温度为50℃，染色60min，再将染色后的皮革洗涤，烘干，得到成品。

(4)胭脂虫粉对皮革的染色。将铬鞣羊皮投入含5g/L的媒染剂(硫酸亚铁、氯化锡等)中，于60℃处理45min，再置于胭脂虫溶液中染色，染色温度为90℃，染色时间为60min，染色后的皮革经洗涤，烘干，得到成品。

第五节　天然染料在化妆品染发剂中的应用

我国是最早使用天然染料制作化妆品的民族之一。早在公元前1000多年的商朝末期，已经有了使用燕地产的红兰花叶，捣成汁，凝成脂，用以饰面的美容品“燕支”，即今日的“胭脂”。魏晋南北朝沿用到清朝的面脂(中药美白)天然染料，抗菌、消炎的同时不刺激皮肤，还具有滋润、消斑、防止衰老等功能。石榴花、苏木、重绛、甜菜红、胭脂虫、栀子黄、玫瑰茄红色素、菊花黄、姜黄、紫胶虫、红花黄、越橘红、红曲米、高粱红、萝卜红、黑豆红色素、辣椒红素及甜菜红等可作唇膏中的色泽增强剂，金缕梅等可用作睫毛膏染色剂。各种各样的美容、美肤产品中的染料，要求着色性强，安全性高，天然染料可以解决这一问题。以极具代表性的染发剂为例。

一、天然染料在染发剂中的应用历史

天然染料作染发剂的历史悠久，可以追溯到公元前1000多年前。中国、古埃及、古印度、古日耳曼、古罗马等地的人们最早开始染发。印度用散沫花染发已经有5000年历史，埃及则有4000年历史；古日耳曼人用羊脂和植物灰汁染白发；古罗马人将胡桃核和青蒜熬成的染料染黑发，用蚯蚓和草药配成膏防止早生白发，用铅梳子泡醋后梳头掩盖灰发；2000年前的中国汉代开始使用天然染料染发剂，隋唐时期，就有了天然染发剂的自制方法，到1893年植物染发剂转为化学染发剂；20世纪80年代天然染发剂又重新崛起。2002年法国阿邦公司推出一款由苏木精络合物制成的植物染发剂；日本第一株式会社推出一款利用苏木精和巴西木素复配维生素C，在Fe^{2+}作用下上色的植物染发剂；我国学者研究出一种非氧化永久性植物染发剂；目前法国、印度研发苏木精为原料染发剂，日本推出辣椒素、胭脂红酸、虫胶酸等为原料的植物染发剂。我国专家学者利用传统中草药五倍子、黑豆、黑芝麻、何首乌、海娜花、苏木精等开发黑色、黄色、红色、蓝色植物染发剂新产品。随着科技水平的发展，天然染发剂朝着安全方便、高效快速的多功能方向发展，其新原料、新配方、新工艺的研制工作更加活跃。

二、天然染料在染发剂中应用的局限性

（1）稳定性差。大多数天然染料本身染色牢度（发色基团固有的不稳定性）差，难以达到永久性染发牢度要求。

（2）不易上色。天然染料分子比头发空隙大，需解决相对大的染料分子进入相对小的头发空隙皮质中这一难题，才能实现用天然染料制作染发剂。

（3）色调单一，给色量低，染色的天然染料浓度要求高，染色时间太长。

（4）天然染料对毛发有一定亲和力，使其直接沉积在毛发表面，并未渗透到皮层。

(5)有些属于剧毒植物中药,虽可提取天然染料,但却不能用作染发剂。

三、开发天然染料染发剂

染料的品种直接影响染发剂的产品质量及其产业发展,安全无毒、无过敏、无刺激、可持续发展的天然染发剂成为市场发展趋势。中药染发剂、海藻染发剂、黑醋栗皮染发剂应运而生。茜草、胡桃、蓼蓝、紫苏、甘菊、墨旱莲、槟榔、五倍子、苏木、散沫花、何首乌、黑桑、紫草、槐花、栀子等中提取的天然染料均为可用作染发剂的染料。花青素是许多天然染料中的成分,可能成为用于生产各种头发颜色和调节深浅的染料混合物中的重要成分。天然速效染发剂、天然凝胶型染发剂、天然彩色染发剂等除了使用安全,还具备化学染发剂的优点,不仅不会损伤头发,所含的天然营养成分还可以在人体的头发上形成一层保护膜,同时还可避免因染发伤害神经,引发过敏、发痒等问题。可见,新型、绿色、生态的天然染料染发剂极具开发价值。

第六节 天然染料在绘画中应用

有些天然染料也是绘画的颜料,如赤铁矿粉末、朱砂,胡粉、白云母、金银粉箔、墨(墨不是矿石制成)、石墨、槐树花、苏木红、向日葵花、紫苏子、雄黄、雌黄或黄丹等。

一、在传统中国水彩画中的应用

传统的中国画中的天然染料主要是矿物颜料与植物颜料两大类,从使用历史上讲,先有矿物颜料,后有植物颜料。矿物颜料的显著特点是不易褪色、色彩鲜艳,主要有石青、石绿、石黄、重晶石粉、朱砂、朱膘(朱砂中提炼,最上面的一层)、银朱、雄黄(又称雄精)、高岭土、红土、赭石(分深赭、浅赭)、硅灰石、蛤粉(虽非矿物质贝壳磨制,但归纳在此类)、铅粉(易变黑,常用钛白粉代替)、泥金、泥银、白垩、胡粉、墨石脂、云母、珊瑚玛瑙等。植物颜料主要有花青、藤黄(有毒)、胭脂、墨、槐花、生栀子、红狐色、茜素红、靛青等。另外,少数以动物为来源的天然染料有:胭脂虫红、天然鱼鳞粉、洋红(进口,胭脂虫中提取)等。

(一)在年画中的应用

年画,也称门神、花纸。著名的有历史悠久的朱仙镇年画,有“南桃北柳”之称的桃花坞、杨柳青年画,还有杨家埠、梁平、凤翔、高密、绵竹年画等。虽然在当今年画不是过年的必需品,但其是中国传统文化一个极具代表性的民间艺术。传统年画使用的颜料与中国画相似,以矿物质的石色(也称硬色)和植物类的水色(也称软色)构成。红、绿、蓝、紫、黄、黑六色是中国年画的主色。

不同地区的年画配色有些差别。桃花坞年画色彩的处理方面大都以成块的大红、桃、黄、绿、紫为主。年画所用的颜料主要采用中药植物,再调和 20 多种辅助材料炮制而成,配色程序极为烦琐复杂,多用长时间研磨熬炼的黑槐树花、青铜绿、苏木红、向日葵籽等天然植物制成红、黄、蓝、紫、朱红等底色,再用这几种底色配制成其他颜色。年画中的黄色以槐米制作;红色染料以苏木为多,也有用矿物质的朱砂,如佛山年画“万年红”就是以“银珠”制成的红丹作底色;蓝(青)色是靛蓝(最好是花青粉);黑色一般是松烟或百草霜(锅底灰)加胶;绿色是以铜绿粉加胶;紫色是用中国各地均有生长的锦葵科一年生草本植物冬葵的成熟种子(含花青素)提取,紫苏子也可作紫色染料。在绿色、紫色中加入白矾、石灰,紫、绿两色要充分发酵,调制时要调起泡沫,色彩才能沉稳、耐看、有韵味。

朱仙镇年画多使用青、黄、红三色,色彩主要分五色,黑色、黄色、紫色、绿色和红色。用色总数可达 9~10 种。黑色是用松烟调水发酵后经石磨磨成;黄色则是把槐米掺明矾放锅中煮成;绿色取自于生铜;青色是从葵籽中提取的。

杨家埠年画一般只用红、绿、黄、紫、蓝、黑这几种颜色来表达。苏木茎秆做出鲜红的胭脂色,国槐花蕾熬制出黄色,国槐果实(槐豆)制成墨绿色,向日葵籽壳、紫苏子制出紫色。

梁平年画用色不多,以佛青、煮红、品绿、槐黄等为主。用色大都属于单色和间色,在画面上大面积地使用原色,因而醒目不刺眼。取自各种染色植物的软色,色泽透明纯净。由各类有色矿物质研磨而成的硬色,色泽则是厚重浓郁。

武强年画以红、黄、蓝三原色和黑、白为基调,色彩鲜艳、对比强烈。使用红花、槐黄、靛蓝做成的天然颜料。通常神仙人物为红、黄、蓝三套色,戏曲花卉类则增加一个品红。因黄、蓝重叠可压出绿,黄和粉红重叠可压出橘红,粉红与蓝重叠可压出紫,这样三套色版可印出红、黄、蓝、绿、紫五种颜色,四套色版可印出红、粉、黄、蓝、绿、橘、紫七种颜色,有丰富的色彩效果。

绵竹年画大色块多用原色,不调配,“五颜六色”指桃红、洋红、黄丹、佛青、品蓝、品绿等颜色。

(二)年画中部分颜色的制取

(1)槐黄。槐黄制作非常复杂,取六月树上未全开放的槐花,经过暴晒以后晒干,然后放入锅中进行爆炒,把其中的水分炒出(晒干的槐花用水煮,撇出黄水,放入矾、蛤粉搅匀待用;余下残渣加水和石灰温火炒干,去杂质则成深黄色,用于套版用色),炒时加白灰、蜂蜜等,炒干后再进行高温的熬制、过滤和沉淀,最后形成黄色物质。

(2)木红(深红色)。用苏木茎秆去皮加水煮,加入白矾后倾出其红汁可做鲜红胭脂用。余下残渣可做套版印刷用的绛红色。

(3)墨黑。即农村烧柴锅炉下的黑烟子(也称百草霜),加胶或浓米汤调匀即可。印刷年画墨线坯子时可掺用一些淀粉糊,以免洇纸或掉色。

(4)靛蓝(也称靛青)。将马蓝的叶和茎放在缸内加水,经发酵后,将马蓝烂茎叶捞出,用木棍搅拌蓝水,将石灰放进缸内搅匀。待颜色由灰褐色变成蓝色时,将上浮黄水倾出,下沉者即靛青。

(5)章丹。为橙红色或橙黄色粉末,用时放入搅匀的鸡蛋清,颜色分明而不掉颜色。

(6)银朱。银朱加水撇去浮漂后晒干研细,加胶熬成糊状与银朱调和,然后捏成条状、晒干。用时在砚上研磨,给人物点上朱唇,颜色鲜明夺目。

二、在草木染画中的应用

草木染画是以丝绸、棉、麻、羊毛为画布，以手染代笔，以草木染料代颜料入色，是中国传统文化瑰宝草木染与中国画的完美结合。草木染画，除了纯艺术品作画外，还可以做衣饰、围巾、屏风、灯罩等。草木染画按色彩主要分为茶染、靛蓝染、彩色染，基本技法是绞缬中的云染、套染、浸染、拔染多种技法组合。要反复多次手染才能达到需要的效果。除了单色外，还可以染多种颜色。相比宣纸作画，草木染画别具一格，更有中国水墨画的韵味。红花、黑茶、土靛、野桑叶、艾草、红木、栾树、乌桕、洋葱皮、花青粉、花生红衣、皂斗、葡萄皮、石榴皮、大黄、紫檀、苏木、朱砂、茶叶、杜英、胭脂红、黄栌树叶、蓝莓、捻子等都是作画的染料。颜色则主要由这些植物提取的青(蓝)、赤、黄、白、黑五种原色以及经过套染得到的如绿、紫、粉等的间色。最初的赤色是用赤铁矿粉末，后来又用朱砂(硫化汞)，染色牢度较差。周代开始用茜草加媒染剂明矾染出红色，之后有用红花、苏方木等；青色，最初用的是马蓝，后由多种蓝草(菘蓝、蓼蓝、马蓝、木蓝、苋蓝)提取靛蓝制成，靛蓝可调 20 多种蓝色；黄色，早期主要用栀子，染成的黄色微泛红光，南北朝以后，又用地黄、槐树花、黄檗、姜黄、柘黄等；黑色，我国自周朝开始直至近代采用植物栎实、五倍子、胡桃树、柿叶、栗壳、橡实、莲子壳、鼠尾叶、冬青叶、乌桕叶等。草木染画不仅颜色多，色泽艳丽，而且色牢度较好，不易褪色。

(一)茶染书法和茶染画

茶染是草木染画体系里的一大分支，质朴素雅。茶染书法是将传统茶染的技艺与书法相结合，既是传统技艺的传承，又开拓了新的领域。茶和书法的产生，都源于实用。唐代起，茶书法便正式成为茶文化的重要内容。茶染书法简称为“茶书”，不用毛笔蘸墨在宣纸上写，而是用手代笔，用茶(红茶、黑茶、绿茶、黄茶、普洱茶、乌龙茶等的粗叶、粗梗、茶末及过期茶均可做茶染材料)代墨染色，茶染主要呈现黑灰色。红茶色泽最浓；绿茶有时比红茶的染色效果更好，能够产生淡淡的晕染效果；普洱、铁观音染色效果也很好。在染色前，先用媒染剂皂矾书写在丝绸上晾干，保存一段时间，再用水喷湿，将茶叶萃取的染液加温，整幅放进染液里染色。染好后，写上的字迹会完整地表现出来，清水洗净，晾晒，装裱。在白色丝绸上作茶染书法，字体呈现如陈墨一样的效果，底布颜色也犹如做旧一般，古朴，生动。茶染对联、茶染画也是采用茶叶代替墨，以手代笔，用草木染的云染、套染、浸染、拔染等技艺染色而成。

（二）靛蓝染画

草木染画常见的是靛蓝染，在中国传统染织文化中具有举足轻重的地位。靛蓝是具有3000多年历史的还原染料。主要由植物蓝草（菘蓝、马蓝、蓼蓝、吴蓝）制成，是世界上最早和最受欢迎的天然染料之一，现已采用合成法大量生产。与红花一样，蓝草也可制成固体染料——呈碱性的土靛、靛泥或化青粉。将蓝草捣成泥状，加入食用碱、果糖和酒糟（米酒）发酵便可直接染色，十分方便。画布的选择除了纸外，还有麻、棉、丝绸等。将传统的蓝染艺术更多地应用于现代生活中，不仅是对中国传统文化的传承与发展，同时也对现代草木染画设计具有很好的借鉴意义。

三、在丝绸画和绢帛画中的应用

3000多年以来，中国画很长一段时间是以丝绸、绢帛绘画的形态存在。帛画约兴起于战国时期，消失于东汉，是用笔墨和天然染料青黛、藤黄、朱砂、土红、银粉等描绘人物、飞鸟走兽和神灵等形象的图画。帛画是中国画的起源，是中华民族的瑰宝，帛画在汉代发展为绢本画，其主要色彩为金、银、黑、红、白。黑色主要是墨，材料主要为丝绸。手绘丝绸至今还是众多丝织物装饰的一种手段，使用的天然染料主要为矿物染料青黛、藤黄、朱砂、土红、银粉等，色彩鲜艳夺目。

四、在皮影中的应用

“皮影”是对皮影戏和皮影戏人物（包括场面道具景物）制品的通用称谓。国外称为“中国影灯”。中国皮影起源于汉代，已经有2000年历史，汲取了中国汉代帛画、壁画等手法与风格。最初是用棉帛裁成人影像，涂染上颜色，后发展为在牛皮上，主要采用黑、红、黄、蓝四种植物染料及紫铜、银朱、普兰等矿物染料配色为红、黄、青、绿、黑等色。

五、在唐卡中的应用

唐卡也称唐嘎、唐喀，是藏族文化中一种独具特色的绘画艺术形式。传统手绘唐卡面料为纯白府绸或棉布。所有的颜料皆为天然染料，植物类有：大黄、紫树、狼毒草、桦树花、蓝靛、苋菜、力士草、野菊花、鸡爪黄连、避阳草、报春花、紫梗、金树、硬树、红树、藏红花、龙胆、姜黄、牛膀子、高山蓼、绿绒蒿、黄花、飞燕草、扁豆花、青莲花、樱桃果等以及一些海藻类寄生物；矿物类有：砒石、朱砂、红土、白土、朱砂、孔雀石、蓝靛石、铁青靛、土矾、雄黄、黄铜矿石、铜锈、铜绿石、绿松石、金银、胭脂、墨、锅烟子、煤矿石、玳瑁石、青金石、黄丹、桑珠热等；动物类有：海螺、戴帽、珊瑚、龙骨、蛤等。这些天然染料绘制的唐卡历经沧桑也不变色。

六、在手绘服饰品中的应用

手绘伴随着人类的发展史，是一种古老的艺术表现形式。但是，这一传统的制作工艺却因各种原因逐渐衰落，很多手绘技艺面临或已经失传。近年来，流行自己动手利用手绘色浆的水彩笔或毛笔制作手绘饰品，手绘艺术又焕发出新的生命力，成为新的亮点。手绘是服饰品当中一种独特的表现手法，其图案独特新颖，可以表达出制作者的心理、思想和审美追求。相比工业化生产，更方便灵活，随意多样，效果更丰富，有极高的商业价值。传统的手绘服饰品的面料为棉、麻、丝、毛，现在还增加了一些混纺纤维和合成纤维面料，结合了蜡染技法、扎染技法、型染绘技法、防染绘技法等。常用的手绘天然染料有红土、雄黄、朱砂、铜绿、红丹、铬黄、铅白、铁蓝、藤黄、青黛、红花、茜草、松烟、皂斗、鼠李等，有的还借用了石灰、乌梅汤、铁铝等媒染剂才能完成织物的染色。沿承织物手绘历史上的辉煌，将天然染料和手绘服饰（礼服、生活装、内衣、配件及饰品等）

设计结合起来，走出一条健康高效、可持续发展的道路，不仅符合国际环保生态标准，还能够提高我国服饰品的艺术附加值，对于打破国际绿色壁垒，提高产品附加值，增强我国纺织业在国际市场的竞争力具有积极的现实意义。

第七节　天然染料在造纸业中的应用

一、天然染料在造纸业中的应用历史

我国是纸张发源地，玉版宣、罗纹纸、六吉纸、夹贡、南禹县布纸、湖南莱阳棉纸等，均采用植物染色方法，色泽历经百年也不变色。晋时已发明染纸新技术，即从黄檗中熬取汁液，浸染纸张，有的先写后染，有的先染后写。浸染的纸叫染潢纸，呈天然黄色，故又叫黄麻纸。唐代笺纸染以颜色，是当时的一大特色，仅四川的蜀笺，就有深红、粉红、明黄等10种颜色。至唐高宗以来，“一切诏书，敕用黄纸”，指的是黄檗树皮煎水染色得到的黄纸，可防虫蛀，不易霉烂，有特殊的清香味。宋代纸张因加工中配有黄檗、胶、矾等辅料，更为光润、平滑、美观。现在的造纸技术有了进一步发展，但是天然染料染色的纸张却逐渐消失，取而代之的是合成染料的应用。

二、拓宽天然染料在造纸业中的应用

白色纸张长时间使用会造成视觉疲劳，彩色纸张染色多用含苯胺类化合物的合成染料，长时间接触有致癌隐患，还会加重环境污染。为营造一个多彩、健康安全的纸张应用环境，国内外专家学者不断致力于天然染料在纸张中的应用研究，以减少合成染料染色对人体的危害。由于造纸的原料大多为植物纤维，用合成染料染色容易破坏植物结构。用同类的植物染料染色，其亲和性很好，能融合到纸张纤维里，不会出现褪色现象，同时更具有环保的效能。特别是无须媒染剂的植物染料用在食品包装纸及儿童用纸的染色上，如鸭跖草花汁重复染色纸张可得深浓藏青色，紫背天葵色素在漂白浆中着色力高于未漂浆，对纸

张平滑度也有一定提高,高粱红、紫荆花、苏木、石榴皮、木秋、蓝栀子、赭石等天然染料都是很好的纸张染料。用天然染料染色的高档手工纸可用于签名册、高档包装、食品包装以及高档墙纸、各种笺纸等。中国名纸中的羊脑笺和瓷青纸由靛蓝染色制成。纸塑(即纸浆模塑)。是造纸产业发展到今天的自然产物,纸塑艺术作品是人物、动物、山川、疆域景象等固体形态的真实塑造。将纸浆重新创意、定位,用天然染料染色后制作成椅子、灯罩、花瓶、花盆、儿童玩具、装饰摆件工艺品等。延展纸塑艺术工艺手法内涵设计中的元素,将天然染料、纸塑面料和服饰设计融为一体,制作别具一格的纸塑服装,开辟一条传统与现代相碰撞的新途径。

第八节　天然染料在食品和医药行业中的应用

一、天然染料在食品行业中的应用

色泽是影响食品感官品质的主要因素之一,有些天然染料中含有的色素成分可以做食品、饮料中的着色剂。随着合成色素逐渐被证实在食品应用中对人类和环境会造成危害,一部分合成色素已被禁用,食用色素的短缺促使人们又将视线转移到天然产物中。天然色素不仅可以给予消费者感官享受,而且安全,无毒害,还可以提高食品的营养价值。有的天然色素还有一定的生理作用,具有防病治病的效果。如药用价值很高的姜黄素具有很好的自由基消除能力;黄酮和单宁具有优异的抗氧化性能;类胡萝卜素能够提供人体必需的维生素A;姜黄、黄芪、山栀子等制成黄色保健染料,色彩鲜艳诱人,营养丰富。橘红素、茶多酚、类胡萝卜素等制成的糕点刺激感观,美味可口。天然染料如水冬瓜、麻栗壳、葎草等,主要用于纺织品染色,有耐摩擦色牢度、耐水洗和皂洗色牢度等要求。但它们含有的植物色素却不能用于食品行业。相反,广泛存在于有色蔬菜和水果中的天然色素可以应用于食品行业,但不易附着在纺织品上,不符合天然染料的要求,不能作为染料应用于纺织品染色。

二、天然染料在医药行业中的应用

天然染料，尤其是一些植物染料，来源于药用植物，因而它们在卫生及医药领域都有着广泛的应用。古时候，天然染料朱砂、雄黄、青黛等，就被应用在医药中。人们用朱砂、雄黄酒加水，少量饮用或洒在身上，据说可以赶跑蛇虫鼠蚁；槲皮苷用作口腔抑菌剂；姜黄用作治疗传染性肝炎等。传统的天然染料许多都来自本身就具有保健功能的中药，如栀子中主要含有的色素栀子黄，为类胡萝卜类色素的藏花素，与藏红花中的藏花素相同具有抑菌、抗肿瘤等功效；茜草中色素主要成分茜素能行血止血、通筋活络；万寿菊中提取的叶黄素可以治疗失明症、冠心病和肿瘤；紫草用于抗炎、抗病毒；决明子可抗菌、防虫；姜黄对治疗传染性肝炎、胆结石及皮肤病有独特的效果；还有儿茶、艾蒿、石榴、苏木、皂角等很多在中西药中发挥作用。常用的药片着色剂如苋菜红、胭脂红等为化学合成色素，长期服用对人体有害，天然染料中的色素可以代替合成色素用于生产有色糖衣药片，外观鲜艳，色泽柔和，长时间服用安全可靠。

天然染料虽然在医药食品行业的作用不容忽视，但其开发利用的重点仍在纺织印染行业。

第二章　天然染料的分类

第一节　天然染料的分类方法

天然染料有很多种分类方法，可以按来源、应用、化学结构、颜色等进行分类。

一、按来源分类

天然染料根据来源可分为植物染料、动物染料和矿物染料，其中植物染料是最主要的天然染料。植物染料是从植物的根、皮、茎、叶或果实中提取得到的染料。动物染料数目较少，主要有虫(紫)胶、胭脂红虫等；矿物染料是各种无机金属盐和金属氧化物，且一般不溶于水。大多数矿物色属于颜料范畴，通常作为纺织品染料使用的只有少部分，主要有赭石、朱砂、绢云母、石黄、石绿等，颜色主要有棕红色、淡绿色、黄色、白色，经过拼色后可得20多个色谱。

二、按应用分类

(1)直接型天然染料。主要成分为类胡萝卜素、双酮，数量较少，如姜黄、郁金、红花、栀子、藏红花等，大多数天然染料对纤维没有亲和力或直接性。

(2)媒染型天然染料。主要成分为黄酮类化合物、蒽醌衍生物、鞣化酸、二氢吡喃衍生物、鞣酸邻苯三酚单宁、鞣酸儿茶酚单宁、绿原酸等。如槐花、稻草、茜草、胭脂虫、虫胶、紫草、石榴、苏木、巴西木、五倍子、橡树、栎树、槟榔、柿子树、诃子、儿茶、乌桕、洋葱、咖啡等。

(3)还原型天然染料。主要成分为吲哚衍生物,如蓼蓝、靛青、泰尔红紫等。

(4)酸性类天然染料。主要成分为类胡萝卜素,如藏红花。

(5)阳离子型天然染料。主要成分为已喹啉衍生物,如黄连、黄檗等。

(6)分散型天然染料。主要成分为 α-萘醌类,如指甲花、胡桃等。

目前为止还未发现有硫化染料、偶氮染料和分散染料。

三、按化学结构分类

天然染料按化学组成可分为类胡萝卜素类、靛蓝类、类黄酮类、蒽醌类、萘醌类、姜黄素类和叶绿素类共七类,但其化学结构有很多种。

(1)吲哚类。靛蓝、贝紫、菘蓝等。此类染料上染织物颜色鲜艳亮丽,不易褪色,色牢度好。

(2)蒽醌类:茜草、大黄、胭脂红等。此类染料具有较强的金属络合能力,耐日晒和耐洗色牢度较好。

(3)α-萘醌类:指甲花、紫草、胡桃等。此类染料色彩鲜艳,性质稳定。

(4)黄酮类:荩草、黄芩、槐花、青茅草、杨梅、紫杉等。此类染料具有很好的紫外线吸收特征和抗氧化性。

(5)双酮类:郁金、姜黄等。此类染料热稳定性较好。

(6)查尔酮类:红花等。此类染料色牢度较好。

(7)类胡萝卜素类:胡萝卜、栀子黄等。此类染料耐热稳定性较好。

(8)异喹啉类:黄连、黄柏等。此类染料具有较好的防紫外线特性,抗菌性能较好。

(9)花色素类:杜诺、凤仙花等。此类染料颜色多样,具有消炎、抗菌等功能。

(10)叶绿素类:山蓝叶、菠菜等。此类染料在弱碱、室温条件下稳定,颜色鲜艳纯正。

(11)多元酚类(鞣酸):五倍子、茶叶、栗树皮、石榴根、枹树皮、槟榔等。此类染料价格低廉,使用方便。

(12)二氢吡喃类:苏枋、巴西木等。此类染料颜色鲜艳,制备方法简单。

(13)生物碱类:黄柏、黄檗、黄连。此类染料色牢度较好,颜色鲜艳纯正。

(14)环烯醚萜类:京尼平、龙胆苦苷等。此类染料具有极好的色牢度。

四、按颜色分类

(1)蓝色系植物染料,如蓼蓝、菘蓝、马蓝等。

(2)红色系植物染料,如红花、茜草、苏木等。

(3)黄色系植物染料,如黄檗、郁金、姜黄、栀子、槐花等。

(4)紫色系植物染料,如紫草、落葵、紫苏、紫檀、桑葚、野苋等。

(5)茶色和棕色系植物染料,如茶叶、杨梅、桑木、薯莨、柳、橡木等。

(6)黑色和灰色系染料,如苏木、菱、漆大姑、乌桕、皂斗、五倍子、槲叶等。

(7)绿色系植物染料:如荩草、鼠李等。

第二节　在纺织品染色中使用的天然染料

天然染料中数量最多的是植物染料,主要是利用自然界植物的花、草、树木、茎、叶、果实、种子、皮、根提取色素作为染料。古代人很早就掌握了各种植物染料的性质,利用植物染料是我国古代染色工艺的主流,应用于纺织品染色的天然染料多不胜数。本书根据色素分布于染材的部位不同,将一些天然染料归类进行阐述。

一、色素存在于植物花中的天然染料

(1)红花:别名红蓝花、刺红花。菊科红花属植物,河南、新疆、甘肃、山东、浙江、四川、西藏地区有种植,山西、甘肃、四川有野生分布,是我国古代重要的红色染料之一。在丝、棉等天然纤维面料上均可染色,常采用明矾作为媒染剂,主要得色是真红和猩红(胭脂红),也可直接染色。红花价格高,可选择同类的

红色染料配伍染色。

(2)藏红花:又称番红花、西红花,鸢尾科番红花属多年生花卉,分布于南欧各国及伊朗等地,我国有少量栽培,染色织物主要得红色,属于直接型染料。

(3)槐米:别称白槐、槐花米、槐籽,为豆科植物槐的干燥花蕾,主产于河南、山东、山西、陕西、安徽、河北、江苏、贵州等地,宁夏、甘肃等地有大规模种植。主要色素成分为芸香苷(占色素10%~30%,属黄酮类衍生物)和槲皮素,在水溶液中扩散性较好,染色织物色彩鲜艳、色牢度较好,是古代珍贵的黄色染料之一。可直接染色,也可媒介染色,色光鲜明,在丝绸、棉布、羊毛等天然纤维材料上均有很好的上色效果,主要得色为黄色、铬灰绿、铝草黄色、锡艳黄色。

(4)红花羊蹄甲:又称红花紫荆、洋紫荆、玲甲花,福建、广东、海南、广西、云南等地均有分布。花中含有色素,染色织物主要得棕色。

(5)飞燕草:别称大花飞燕草、鸽子花、百部草、鸡爪连、千鸟草、千鸟花,我国很多地区均有栽培,染色主要得淡蓝色。

(6)紫藤花:别称朱藤、招藤、招豆藤、藤萝,我国许多地区均有栽培,染色织物主要得绿色。

(7)海棠花:是我国的特有植物,染色织物主要得棕色。

(8)忍冬果:别名金银花、金银藤、老翁须等,我国大部分地区均有分布。花中含有色素的主要成分为黄酮,染色织物主要得黄色。

(9)樱花:是蔷薇科樱属几种植物的统称,产于我国长江流域等地。染色织物主要为粉红色、红色,属于媒染染料。

(10)苹果花:蔷薇科,主产于辽宁、甘肃、内蒙古等地。染色织物主要得红色,属于媒染染料。

(11)菊花:别称金英、秋菊、日精等,为菊科、菊属的多年生宿根草本植物,我国各地均有种植,其花瓣可做染料,染色织物主要得黄色。

(12)万寿菊花:别称臭芙蓉、臭菊花、金菊花等,我国各地均有分布,铝媒染后主要得黄色,铬媒染后主要得棕色。

(13)红蓼花:别称大红蓼、东方蓼、狗尾巴花等,是蓼科、蓼属一年生草本植物。我国除西藏外,其他各地均有分布。染色织物主要得红色。

(14)野玫瑰:学名刺莓蔷薇,别名刺莓果,属蔷薇科,落叶灌木,天然分布于大兴安岭、渤海湾沿海地区及图们江下游沿江地区,其枝叶可作为染料,对棉、丝染色效果较好。染色织物多为褐色和灰色。

(15)蒲公英:别称华花郎、蒲公草、食用蒲公英。我国东北、华北、华东、华中、西南等地均有分布,花、根中含有色素,花提取染料染色织物主要得黄色,根提取染料染色织物主要得棕色。

(16)朱槿:又名扶桑、赤槿、佛桑、红木槿、桑槿、大红花、状元红。原产我国南部,福建、台湾、广东、广西、云南、四川等地区均有分布,花含棉花素、槲皮苷等,可作为天然染料对天然纤维进行染色。朱槿染料属于媒介染料,直接染色时无上色效果,碱性洗涤有轻微褪色和变色。染色时棉布效果好于丝绸,染色织物为偏绿色。

(17)木槿:别称木棉、荆条、朝开暮落花、喇叭花,中国各地均有栽培,染色织物主要得淡红色,属于阳离子型染料。

(18)鸭跖草:别名碧竹子、翠蝴蝶、淡竹叶等。鸭跖草属一年生草本植物,产于我国云南、四川、甘肃以东各省区。花可在亚麻布上染出淡蓝色,在天然纤维上染色均有上色效果,碱提取液染色为偏绿色,耐日晒色牢度差,属于阳离子型染料。

(19)月季花:又称月月红、月月花、长春花、四季花、胜春。其枝叶、皮、根等作为染料,对丝、羊毛、棉等有一定上染性,丝绸略好一些,媒染得土黄、棕色、灰绿色等。

(20)紫薇:别称入惊儿树、百日红、满堂红、痒痒树,为千屈菜科紫薇属双子叶植物,我国各地普遍栽培。在棉和丝上染色效果理想,媒染得墨绿、黄绿、黑灰等色。

(21)蝶豆花:别名蓝蝶花、蓝蝴蝶、蝴蝶兰等。我国广东地区有种植,可做染料,不同媒染剂染色可呈现不同的颜色,在丝绸上染色的效果好于棉布。

(22)密蒙花:又名染饭花、九里香、小锦花、蒙花、黄饭花、疙瘩皮树花、鸡骨头花，我国主产于湖北、四川、河南、陕西、云南等地，主要成分为黄酮类蒙花苷、环烯醚萜苷类等。它是极好的具有抗菌、抗氧化功能性的天然黄色染料。

(23)罗勒：又名九层塔、金不换、圣约瑟夫草、甜罗勒、兰香。为唇形科罗勒属植物，主要分布于我国新疆、吉林、河北、河南等地区，多为栽培，南部各省区有逸野生的带区。可作为染料使用，在丝和棉布上染色基本上以黄色为主。

(24)田旋花：别名小旋花、中国旋花、箭叶旋花、野牵牛、拉拉菀。主要分布于我国东北、华北、西北等地，其花瓣主要化学成分为黄酮苷，作为染料对丝绸和棉麻有一定的染色效果，得棕黄色等。

(25)蜀葵：别名一丈红、大蜀季、戎葵、吴葵、卫足葵、胡葵、斗篷花、秫秸花，世界各地均有栽培。蜀葵花瓣提取天然染料媒染棉和丝绸得橄榄色、玫瑰棕色等。

(26)一枝黄花：是桔梗目菊科的植物，又名黄莺、麒麟草。多年生植物，原产于我国华东、中南及西南等地，公园及植物园多有栽培。在棉和丝上的染色效果基本一致，铝媒染后主要得黄色，其他还有米黄和豆绿等色。

(27)白匏子：别名白桃叶、白泡树、帽顶等，产于东南亚热带地区，可作为染料染色丝、棉、毛、麻，媒染得棕色、绿色、灰色等。

(28)红花三角梅：别称九重葛、三叶梅、叶子花，我国各地均有栽培，铁媒染织物主要得土黄色。

(29)薰衣草：别称香水植物、灵香草、香草、黄香草，我国多地均有大规模种植，染色织物主要得蓝紫色。

(30)含羞草：别称感应草、知羞草、呼喝草、怕丑草、见笑草、夫妻草、害羞草，我国分布于台湾、福建、广东、广西、云南等地区，染色织物主要得黄色。

(31)香蕉花：别称含笑美、含笑梅、山节子、白兰花、唐黄心树、香蕉花、香蕉灌木。原产于我国广东和福建，现长江流域至江南、台湾等地均有栽培。含大量单宁，染色织物得黑色。

(32)风信子花：别称洋水仙、西洋水仙、五色水仙、时样锦，我国各地都有栽培，染色织物主要得蓝色。

(33)栾树花:别名木栾、栾华等,产于我国北部及中部大部分省区,花、果皮都含有色素,染色织物主要得黄色。

(34)矢车菊:别称蓝芙蓉、翠兰、荔枝菊,菊科矢车菊属一年生或二年生草本植物,我国主要分布于新疆、山东、广东及西藏等地,新疆、青海可能有归化逸生,染色织物主要得黄色。

(35)芙蓉:别称芙蓉花、拒霜花、木莲、地芙蓉、华木、酒醉芙蓉。我国辽宁、河北、山东、陕西、安徽、江苏、浙江、四川、贵州和云南等省区均有栽培,系湖南原产,染色织物主要得红色。

(36)毛蕊花:我国分布于新疆、江苏、浙江、四川、云南、西藏等地,在碱性条件下染色织物得黄色。

(37)龙牙草花:别称老鹤嘴、毛脚茵、施州龙芽草等。产自我国安徽、浙江、广东、广西、贵州东南部、江西(井冈山、庐山),铝媒染后织物主要得黄色。

(38)紫丁香:桃金娘科植物丁香的花,别名丁香、百结、情客、龙梢子、华北紫丁香、紫丁白,我国大部分地区均有栽培,染色织物主要得黄色、橙色。

(39)贯叶金丝桃:别称千层楼、小对叶草、赶山鞭,主要分布于我国江西、新疆、河南、四川、贵州等地,染色织物主要得黄色。

(40)丁子香花:别称公丁香[花蕾]、母丁香[果实]、丁香、支解香、雄丁香、公丁香,我国海南为主要种植区,染色织物主要得红色。

(41)牡丹花:别称木芍药、洛阳花、富贵花等,我国各地均有栽培。直接染色织物得米白色,铁媒染得黑色,明矾媒染得黄色,柠檬酸媒染得浅灰色,铜媒染得褐色。

(42)杜若:别称地藕、竹叶莲、山竹壳菜,产于我国福建、湖南、贵州等地,染色织物主要得紫红色,属于阳离子型染料。

(43)梅花:我国各地均有栽培,染色主要得肉色。

(44)红王子锦带花:原产于美国,我国大量引种栽培,染色织物主要得红色。

(45)火炬树花穗:别称鹿角漆、火炬漆、加拿大盐肤木,我国的东北南部及华北、西北北部暖温带有分布，染色织物主要得红色。

（46）大丽花：又叫大理花、天竺牡丹、东洋菊、大丽菊、细粉莲、地瓜花，我国多个省区均有栽培，染色织物后主要得橙色。

（47）凤仙花：别名指甲花、急性子、凤仙透骨草，我国南北均有分布，铝媒染后织物主要得棕色，属于阳离子型染料。

（48）紫树花：别称蓝果树，我国主产于江苏南部、浙江、安徽南部、江西、湖北、四川东南部等地，染色织物主要得紫色。

（49）茴香：别称怀香籽、香丝菜、谷香等，我国各省区都有栽培，花和叶可作染料，染色织物主要得棕色。

（50）锥花绿绒蒿：是罂粟科绿绒蒿属植物，主要分布于四川西南、西藏南部，染色织物主要得黄色。

（51）金丝桃：又叫狗胡花、金线蝴蝶、过路黄、金丝海棠、金丝莲、土连翘，分布于山东、福建、四川等地，染色织物主要得黄色。

（52）黄木犀草：辽宁省的金县、旅顺等地有分布，叶、茎、花都含有色素，铬媒染后织物主要得黄色。

（53）金鱼草：别称龙头花、龙口花、洋彩雀，中国广西南宁有引种栽培，花染色织物主要为绿色。

二、色素存在于植物叶茎中的天然染料

（1）乌桕树叶：乌桕别称腊子树、桕子树、木子树，是大戟科乌桕属落叶乔木，我国很多地区均有分布，叶作染料主要得黑色，属于媒染染料，是我国古代主要染色植物之一。

（2）漆大姑枝叶：中药漆大姑为大戟科植物毛果算盘子的枝叶，别名毛七公、算盘子、两面毛等，分布于我国福建、台湾、广东、海南、广西、贵州、云南等地，染色织物主要得灰色。

（3）茶叶：别名槚、茗、荈等，灌木或小乔木茶树的叶子和芽，遍布我国长江以南各省的山区。所有茶种都可以作为染料使用，是近年来备受关注的植物染

料。品种不同染出的色泽略有不同。茶叶染料的主要成分是茶多酚,化学结构为儿茶素、胆甾烯酮、咖啡碱等,在丝绸、羊毛和棉布上均可染色,颜色基本一致,只是染色丝绸更鲜亮一些。茶树叶染色主要得黑褐色,茶树皮染色织物主要得褐色,是主要的染色植物之一。

(4)荷叶:荷叶为睡莲科植物莲的叶,我国很多地方都有种植,染色织物主要得棕色。

(5)梨树叶:梨树,蔷薇科落叶果树,我国各地均有栽培。其枝叶染料对天然纤维染色亲和力好,棉、麻、丝、毛染色得橘黄色、棕色、嫩绿色等。

(6)银杏叶:银杏树别称白果、公孙树、鸭脚子、鸭掌树,是世界上最古老的植物之一,我国各地均有分布,主要含银杏黄酮,在碱性条件下上色率较高,铁媒染的得色率最好,染色织物主要得黄色。

(7)红花檵木树叶:红花檵木又名红继木、红檵花、红桎花等,主要分布于我国长江中下游及以南地区。叶中的化学成分主要是黄酮类,在丝、麻、棉上染色效果较好,得色率较高,媒染染色织物主要得棕色、灰色、褐色。

(8)桃金娘树叶:植物桃金娘的叶,又名倒捻子、山捻、岗捻等,属常绿灌木,产于我国福建、广东、海南等地,其叶作染料在麻和丝绸上染色效果较好,得黄绿色、灰色等。

(9)柏树叶:柏树别称香柏、扁柏、香树等,为柏科侧柏属的一种常绿乔木,在我国分布极广,树叶可以作为染料使用,在丝和麻上均有上色效果,不同方法染色织物得橘黄色、浅棕色等。

(10)野牡丹枝叶:野牡丹别名地茄、活血丹、赤牙郎等,枝叶可作染料在天然纤维上染色,不同方法染色织物得浅棕色、灰绿等。

(11)珍珠梅枝叶:珍珠梅也称山高粱条子、华楸珍珠梅、东北珍珠梅等,是蔷薇科珍珠梅属灌木,分布于我国东北三省及内蒙古,枝叶可做染料,蚕丝直接染色和媒染染色效果好于麻,基本上呈现深浅不一的驼色且灰度较重。

(12)君迁子树叶:君迁子别名梬枣、小柿、软枣等。柿科植物君迁子的果实,我国多省均有生长,树叶可做天然染料原料,染色效果良好,直接染色上色效果不明显，媒染上色效果及固色效果理想。

(13)芒果树叶：芒果树别称檬果樣仔、庵罗果，是无患子目漆树科芒果属常绿乔木。叶主要成分属于黄酮类，直接染色丝绸、棉布的染色效果不理想，媒染染色效果较好，铝媒染呈现鹅黄色，铜媒染为中黄色，铁媒染呈现咖啡色，具有较好的色牢度。

(14)竹叶：竹的品种繁多，多年生禾本科竹亚科植物，我国种植面积较大。竹叶中所含的天然抗氧化剂功能因子主要是黄酮糖苷和香豆素类内酯，因产地及染色方法不同，竹叶染色得豆绿色、绿黄色等绿色系。

(15)柚木树叶：胭脂树、血树、脂树等的树叶，产于缅甸、泰国、老挝等地，铝媒染后织物主要得黄色。

(16)油桐叶：油桐的叶，别称桐子树叶，分布于我国的广东、河南等地。无作为染料的记载。媒染染色织物效果较好，有一定的色牢度，媒染染色织物得土黄、棕色、橄榄绿等。

(17)橄榄树叶：橄榄树又名洋橄榄、齐墩果、阿列布。我国西部和西北地区有种植。橄榄叶中主要含有裂环烯醚萜、黄酮及其苷，抗氧化与抗菌作用较强，对棉、麻、丝、毛均可染色，染色织物得黄绿、褐色等。

(18)酸枣树叶：酸枣又名山枣、野枣、山酸枣，落叶灌木或小乔木，叶中富含黄酮类化合物等，在羊绒、丝绸和棉布上染色均有良好的上色效果，得土黄、灰、黑等色。

(19)猕猴桃枝叶：猕猴桃也称奇异果、羊桃、毛木果等，广泛分布于我国南方山岭之间，枝叶可作天然染料，媒染织物得土黄、黑灰等颜色。

(20)杏树叶：杏树为落叶乔木，蔷薇科杏属植物，产于我国各地，枝叶可以作为天然染料使用，媒染织物得深浅不一的棕色及灰色等。

(21)樱桃树叶：樱桃别名莺桃、含桃、牛桃、朱樱、麦樱、蜡樱、崖蜜，在我国分布很广，树叶含有黄酮类化合物，可作为天然染料，在丝绸和棉布上染色效果较好，得土黄色、草绿色等，花瓣染色得红色、粉红色，属于媒染染料。

(22)榆树叶：榆树又名白榆、家榆、黄药家榆等，分布于我国东北、华北、西北及西南各地，树叶可以作为染料使用，在丝绸和棉麻上染色效果理想，媒染得土黄、棕色、黛色等。

(23)月桂树叶：月桂树别称桂冠树、甜月桂等，樟科月桂属的一种，福建、四川及云南等地有栽培，常绿小乔木或灌木，可以作染料使用，在丝、棉上染色效果良好，得偏绿色。

(24)桃树叶：桃树为蔷薇科桃亚属植物桃树的叶子，在我国各地均有分布，含有橙皮素、羟基类及多种有机酸等化学成分，用于棉、麻、丝染色，得色偏黄绿色。

(25)鸡蛋花树叶：鸡蛋花，别名缅栀子、蛋黄花、蕃花等，分布于我国东南地区，其树叶可在棉和丝上染色，得色偏黄绿色。

(26)龙眼树枝叶：龙眼别名桂圆、圆眼、益智等，无患子科龙眼属，产于我国南方，叶子及枝干均可染色，在丝、棉上染色得黄褐色系。

(27)红豆杉枝叶：红豆杉是红豆杉属的植物的通称。红豆杉果实价格昂贵、稀少，不易作为染料，用其枝叶作为染料在棉、麻、丝、毛上染色效果较好，多为棕色。

(28)薄荷叶：薄荷别称野薄荷、夜息香，我国各地均有分布，叶子可作为染料对棉、丝染色，效果较好，染色主要得茶色。

(29)芦苇叶：芦苇别称芦、苇、葭、兼，是禾本科的植物，我国各地均有生长，芦苇叶含有芦丁和许多未确定的类黄酮物质，芦苇叶作染料对天然纤维的染色效果较好，染色织物得黄、绿等颜色。

(30)女贞子：别名女贞实、冬青子、白蜡树子等，我国长江流域及南方各地均有栽培，女贞树叶、果实都可作为染料，不能直接染色，需要媒染，织物可以得到军绿、绿灰、土黄、咖啡等色。

(31)苏子叶：苏子别名桂荏、白苏、赤苏等，为唇形科一年生草本植物，我国华北、华中、华南、西南等地均有野生种和栽培种，对毛、麻、丝、棉直接染色和媒染颜色可以得到紫色、黄色和绿灰色。

(32)桉树叶：桉树别称白柴油树、莽树、有加利(尤加利)、大叶桉树等，是桃金娘科桉属植物的总称，我国南方有一定数量的分布，树叶为染料对棉、丝、羊毛染色效果理想，色泽柔和，稳定，牢度好。

(33)杜英树叶：杜英别名山冬桃、厚壳仔、牛屎柯等，在我国南方多地都有种植，树叶含有色素，在丝和棉上的呈色相同，无媒染和铝、锡、石灰媒染皆呈卡其黄色，铜媒染的颜色较深，为黄茶色，铁媒染则呈带紫色调的深灰色。

(34)丝瓜叶：丝瓜别名虞刺叶，遍及全国，丝瓜叶对棉、麻、丝、毛均有染色效果，丝绸染色效果更好。其绿色淡雅，媒染得色丰富。

(35)鬼子姜枝叶：鬼子姜又名洋姜、菊芋，是一种多年宿根性草本植物，我国多地均有分布，枝叶作为天然染料染色丝、麻，丝上色效果好于麻，直接染色为浅黄色，媒介染得灰、草绿等颜色。

(36)冬青叶：冬青别称冻青，我国各地广为分布，染色织物主要得黑色。

(37)杜梨叶：杜梨别称棠梨、土梨、海棠梨等，产于我国辽宁、河南、湖北等地，树叶含有色素，染色主要得绛色。

(38)枫树叶：枫树是槭树科槭属树种的泛称，全国各地均有分布，染色织物主要得黄色、棕色。

(39)茶条槭树叶：茶条槭别称茶条、华北茶条槭，分布于我国东北三省、内蒙古、河南等地，树叶含有色素，染色织物主要得黄色、棕色。

(40)常春藤叶：常春藤别称三角风、散骨风、洋常春藤等，分布地区广，树叶含有色素，染色织物主要得黄色、棕色。

(41)菠菜叶：菠菜别称波斯菜、鹦鹉菜、飞龙菜等，藜科菠菜属，一年生草本植物，我国普遍栽培，叶片含有色素，染色织物主要得深绿色。

(42)紫甘蓝叶片：紫甘蓝别称红甘蓝、赤甘蓝、紫苞菜等，我国大部分地区都有种植，叶片含有色素，染色织物主要得红色。

(43)紫叶矮樱枝叶：紫叶矮樱在我国广泛分布，枝叶含有色素，媒介染染色织物得色以黄、土黄、灰色为主。

(44)紫叶酢浆草：我国有引种栽培，叶片含有色素，染色后织物主要得浅红色。

(45)菰：又名茭白笋、菰蒋、菰蒋草等，我国从东北至华南均有栽培，老茎中含有色素，染色织物主要得黑色。

(46)楸叶：楸的叶，分布于我国河北、浙江、湖南等地，染色织物主要得茶色。

(47)山麦冬：别名大麦冬、土麦冬、鱼子兰等，我国多省均有分布，叶子、果实染色成分主要是黄酮，在棉和丝绸上着色效果极佳，得色偏暗绿色，对开发纯天然的功能纺织品有极高的经济价值。

(48)荞麦茎：荞麦别名净肠草、乌麦、三角麦，是蓼科(Polygonaceae)荞麦属(Fagopyrum)一年生草本植物，主要分布在我国山西、青海、辽宁等地，染色主要得茶色。

(49)野葛茎叶：野葛为多年生落叶藤本，我国除新疆、西藏外，其余地区均有分布，在丝、棉上均有染色效果，不同方法染色织物得黑色、灰色等。

(50)冻绿茎叶：冻绿别名黄药、绿柴、苦李根等，鼠李科鼠李属，分布于我国甘肃、河北、安徽等地，叶茎可染丝、棉等，染色可得绿色，属于直接染料，是我国传统染色极为重要的染色植物之一。

(51)稔子茎叶：稔子学名桃金娘，别名山荵、稔子树、桃舅娘等，含有单宁、黄酮和萜类等化合物，稔子自身有抗菌防菌作用，用作染料在天然纤维上染色，丝和棉的染色效果均较好，媒介染得土黄色、黑色等。

(52)荆条枝叶：荆条别名黄荆柴、牡荆实、蚊香草等，是马鞭草科落叶灌木，我国北方地区广为分布，牡荆叶和牡荆子都富含黄酮类牡荆素天然化合物，可作为天然染料使用，媒介染染色丝、棉得黄色、草绿色等。

(53)木贼：别称千峰草，在我国东北三省、内蒙古、河北等地均有分布，其茎叶含有色素，锡媒染后主要得黄色。

(54)紫背天葵叶茎：紫背天葵别名红背菜、叶下红、血皮菜等，是秋海棠科秋海棠属植物，分布于我国海南、香港、浙江等地，是我国特有的植物，叶茎含有色素，对棉、丝染色后颜色以黄咖为主。

(55)马蔺茎叶：马蔺别称马莲、马兰花、马韭等，是鸢尾科鸢尾属多年生草本宿根植物，分布于我国东北三省、新疆、西藏等地，茎叶作染料染色后织物主要得蓝色，属于还原型染料。

(56)木蓝茎叶：为豆科木蓝属植物木蓝的茎，木蓝别称槐蓝、大蓝青、野青靛等，分布于华东、四川、贵州、云南等地，茎叶作染料染色后织物主要得蓝色，属于还原型染料，是我国古代主要植物染料。

(57)鼠麴草茎叶：鼠麴草分布于我国台湾及华东、西北、西南各省区，叶茎含有色素，染色织物主要得褐色。

(58)虎杖茎：虎杖产于我国甘肃南部、华东、华中等地，其茎作染料染色后织物主要得黄色。

(59)地衣茎(藻类和真菌共生的复合体)：地衣分布广泛，染色织物主要得橙色。

(60)胡芹茎叶：胡芹又名归芹，在我国种植范围广，叶茎含有色素，染色织物主要得黄绿色。

(61)铃兰茎叶：铃兰别称香水花、小芦铃、糜子菜等，我国东北、华北地区均有分布，叶茎含有色素，染色后织物主要得绿色。

三、色素存在于植物全草中的天然染料

(1)荩草：中药荩草为禾本科植物，全国均有分布，别名黄草、马耳草，茎和叶可作黄绿色染料，主要色素成分为荩草素、木犀草素，属黄酮类化合物，可用直接法染棉、毛、丝得黄色，铜媒染得绿色，与灰汁、铝盐、锡盐媒染得黄色，蓝矾媒染得绿棕色，重铬酸钾染得黄棕色，甲酸铁染得灰棕色，以不同深浅的靛蓝套染，可以得到黄绿色或绿色，属于直接染料，是我国传统染色植物之一。

(2)苦楝子：别名苦心子、楝枣子、土楝子等，产于我国河北、广西、云南、四川等地，染色织物主要得较浅的偏灰绿。

(3)紫苏：别名桂荏、白苏、赤苏等，为唇形科一年生草本植物，主产于我国华北、华南、西南等地，染色织物主要得紫色。

(4)落葵：别称藤菜花、牛叶子菜花、木耳菜花等，我国长江流域以南各地均

有栽培，染色织物主要得紫色。

（5）益母草：别称益母蒿、坤草、茺蔚，为唇形科植物益母草的新鲜或干燥地上部分，广泛分布于全国各地，染色织物主要得棕色。

（6）艾草：别名艾蒿、蓬藁、灸草等，遍及全国，可作天然植物染料使用，艾草染色还具有功能性作用，染色织物主要得稻草黄、灰绿色等。

（7）青茅草：别称茅、茅针、茅根，是禾本科白茅属多年生草本植物，分布于我国辽宁、河北、新疆等北方地区。染色织物主要得黄色

（8）紫草：别名为紫丹、紫草根，是紫草科紫草属多年生草本植物，分布在我国辽宁、山东等地。根、叶部含乙酰紫草醌及紫草醌，染丝效果为佳，棉、麻较差。直接染色不着色，媒染主要得紫色，属于媒染染料，是我国传统染色极为重要的染色植物之一。

（9）葎草：别名拉拉秧、五爪龙、蛇干藤等，多年生茎蔓草本植物，为常见杂草，我国除新疆、青海、西藏外，其他各省区均有分布，整株均可染色，该草有抗菌作用，不同方法染色织物颜色为绿色、亮黄色、棕色等。

（10）蒲公英：别称蒲公草、尿床草、婆婆丁等，菊科多年生草本植物，我国大部分省均有分布，在棉、麻、毛上均可上色，主要得绿色。

（11）老鹳草：别名鸭脚草、老观草，分布于我国东北、华北等地，有作为染料的记载，属于黄酮类植物染料，在天然纤维棉、麻、丝、毛上均可上色，不同方法染色织物得土黄色、绿色等。

（12）紫云英：又名翘摇、荷花草、莲花草等，豆科黄芪属，我国南方利用稻田种紫云英历史悠久，不同方法对棉和丝绸染色主要得灰色和浅绿色。

（13）苦菜：菊科植物苦定菜的嫩叶，别名天香菜、荼苦荬、老鹳菜等，全国多地均有分布，作为染料在丝、棉上均有理想的染色效果，颜色多为棕色系。

（14）青蒿：别名臭蒿、草蒿、香苦草等，是菊科艾属的一年生草本植物，可以作为染料使用，还具有抑菌作用，在丝和棉布上染效果较好，染色可获得理想的黄绿等。

（15）绞股蓝：别称七叶胆、五叶参、小苦药等，分布于我国四川、云南、广西

等地,对丝绸染色效果较好,主要得色偏黄色,属于媒染型染料。

(16)野苋:别称野苋菜,在我国广泛分布,染色织物主要得紫色。

(17)鬼针草:菊科鬼针草属,别名盲肠草、一把针、鬼菊等,菊科一年生草本植物,化学成分含生物碱、鞣质、黄酮苷等,直接染色和媒染染色丝、棉主要得黄色调。

(18)珠芽蓼:别称山高粱、紫蓼、染布子等,不同染色方法染色织物得棕黄色、铁蓝色等。

(19)狼把草:又名鬼叉、鬼针、鬼刺等,属菊科一年生草本,广泛分布于我国各省区,茎叶鞣质(没食子酸)可作为染料,染色织物主要为黑色。

(20)红甜菜:又称红萘菜,别名君达菜、牛皮菜,我国长江流域园林中广泛栽培,染色织物主要得红色。

(21)鼠尾叶:鼠尾叶可作植物染料,无毒无害,染色的织物色形自然、经久不褪,具有防虫、抗菌的作用,特别适合于童装、内衣、鞋袜、装饰品、床上用品等,色牢度高,染色织物主要得黑色。

(22)红莲子草:别称红节节草、五色草、织锦苋等,我国各大城市都有栽培,染色织物主要得红色。

(23)荨麻:别称蜇人草、咬人草、蝎子草,分布于我国浙江、福建、四川等地,染色织物主要得绿色。

(24)黄连:别称味连、川连、鸡爪连,分布于四川、贵州、湖北等地,染色织物主要得黄色,属于阳离子型染料。

(25)香蜂花:别称香蜂草、薄荷香脂、蜂香脂,我国有引种栽培,染色织物主要得茶色。

(26)木樨草:别称草木犀、香草,我国台湾、上海等地有栽培,染色织物主要得黄色。

(27)紫梗:主要产于我国江西,染色织物主要得紫色。

(28)红三叶草:别称红车轴草,我国主要分布于东北、华北、西南等地区,染色织物主要得黄色。

(29)毛地黄:别称洋地黄、金钟、心脏草等,我国各地均有栽培,染色织物主要得苹果绿色。

(30)金鱼草:别称龙头花、龙口花、洋彩雀,我国广西南宁有引种栽培,染色织物主要得绿色。

四、色素存在于植物块茎中的天然染料

(1)薯莨:别名薯良、血母、染布薯等,多年生宿根性缠绕藤本植物,块茎主要含缩合鞣质及苷类,天然纤维棉、麻、丝、毛等均可以染色,主要颜色为棕褐色,是主要的染料植物之一。

(2)姜黄:又名郁金、宝鼎香、毫命、黄姜等,产自我国福建、广西、西藏等省区,地下茎为染料,染色织物颜色为黄、橙黄色,属直接型、媒染型染料,是我国传统染色极为重要的染色植物之一。

(3)菊芋:又名洋姜、鬼子姜,中国大部分地区有栽培,地下茎作为天然染料,直接染色为浅黄色,媒介染色颜色多一点,丝绸上色好于棉麻。

(4)大黄:别称黄良、肤如、牛舌等,是多种蓼科大黄属的多年生植物的合称,分布于我国陕西、青海、四川西部、云南及西藏东部。大黄是一种蒽醌类染料,在棉、麻、丝、毛上均有较好的染色效果,可采用多种方法、多种媒染剂染色,耐皂洗色牢度较差,染色织物主要得黄色。

(5)紫甘薯:别称番薯、红薯、山芋等,我国各地均有栽培。块、根中富含花青素,采用媒介染色染棉、丝效果较好,染色织物主要得紫红和棕黄色。

(6)胡萝卜:又名葫芦菔、红芦菔、甘荀等,色素在肉质根中,不同方法染色织物主要得黄色、橙黄色。

(7)甜菜根:别称甜菜头、红菜头、甜萝卜等,肉质根中含有色素,染色织物主要得红色,硫酸亚铁媒染得暗棕色。

五、色素存在于植物果实及皮壳中的天然染料

(1)栀子:又名黄栀子、栀子花、水黄栀等,为茜草科植物,分布于我国江西、

福建、四川等地，其色素成分主要是萜类的藏红花素和黄酮类的栀子黄色素，栀子色素可用直接法将织物染成黄色，微泛红光。也可加媒染剂染成不同色调之深浅黄色、铬灰黄色、铜嫩黄色、铁暗黄色。除了耐日晒色牢度不超过3级外，其他各项色牢度基本都在4级以上，属于直接型和媒染型染料，栀子的果实中提取的黄色素再经食品酶处理可得栀子蓝色素，染色织物主要得蓝灰色，是我国传统染色极为重要的染色植物之一。

（2）皂斗：壳斗科栎属植物麻栎，也称橡斗、栎、柞子等，在我国很多地区均有分布，果实外壳含有单宁，与铁相遇即可变为黑灰色，作为染料的历史很长，属于媒染染料，染色织物主要得黑色，为铁媒染染料，是中国古代主要染色植物之一。

（3）红高粱壳：高粱为禾本科一年生草本植物，别称蜀黍、木稷、茭子等，中国南北各省区均有栽培。高粱红染料是从高粱壳中提取的，属于黄酮类化合物，是多酚类色素的一种，可用于染色棉、毛、丝，染色主要得红色。

（4）黑豆：为豆科植物大豆的黑色种子，别称乌豆、枝仔豆、黑大豆等，中国各地都有生产，色素在果中，染色织物主要得棕色。

（5）化香树：是胡桃科化香树属落叶小乔木，分布于中国甘肃、浙江、广东、云南等省区。色素在果中，染色织物主要得灰色。

（6）莲子：别称藕实、莲实、莲蓬子等，为睡莲科植物莲的干燥成熟种子，分布于中国南北各省。色素在壳中，染色织物主要得棕色。

（7）菱：别称乌菱、菱实、薢茩等，菱科菱属一年生浮水水生草本植物，主产于中国中南部。色素在壳中，染色织物主要得黑色。

（8）乌梅：别称梅实、黑梅、熏梅、桔梅肉（棕色），为蔷薇科植物梅的干燥近成熟果实，我国各地均有栽培，以长江流域以南各省最多，染色织物主要得黑色。

（9）紫杉：别称红豆杉、赤柏松，常绿乔木，在我国云南、黑龙江、西藏等地有少量分布。色素在果实中，染色织物主要得红色。

（10）莲蓬壳：别称藕实、水芝丹等，主要分布于江南地区，莲蓬壳作为染料，适合天然纤维和再生纤维染色，还可以与其他植物染料配伍作染料得棕、黑等色。

（11）麻栎壳：别称栎、橡碗树，在我国很多地方有种植。壳斗含鞣质，可作染料。麻栎壳染料的媒染剂以铝媒（染色得黄色）和铁媒（染色得灰色）为佳，色牢度可以达到3级以上。树皮染色得黑色，属于媒染染料，是我国重要的染料植物之一。

（12）蛇葡萄：别名野葡萄、山葡萄、过山龙等，我国南北均产，浆果可作为染料，染色织物得青莲色，属于媒染染料。

（13）小叶女贞：别称小叶冬青、小白蜡、楝青、小叶水蜡树，是木犀科女贞属的小灌木，主要分布在我国南部，果实与花色素含量高，可作染料，不同方法染色织物得褐色、灰色、黑色等。

（14）花椒：别名秦椒、蜀椒、山椒等，果实中含有色素，为芸香科花椒属落叶灌木或小乔木，产于我国江苏、福建、浙江等地，果实中含有色素，染色织物得棕色系。

（15）狗脊：别称金毛狗脊、金毛狗、金狗脊，蚌壳蕨科，分布于我国西南、南部、东南等地。果实中含有色素，可作为天然染料使用，对棉、麻、丝、毛染色效果较好，丝和毛更佳，得黄绿色、草绿色等。

（16）十大功劳：别名细叶十大功劳、山黄连、黄天竹等，是小檗科十大功劳属的植物，分布于我国四川、湖北和浙江等省，果实也称“功劳子”，化学成分含小檗碱，可作为天然染料使用，在棉和丝绸上染色效果较好，得色较丰富，色牢度尚可。

（17）蓝莓：别称笃斯、笃柿、都柿等，为杜鹃花科越橘属常绿灌木，果实含黄酮类、花色苷、多酚类化合物。有早期美国居民用牛奶与蓝莓同煮，制作灰色涂料的记载。对丝、棉、麻染色效果极佳，得偏灰色。

（18）决明子：又叫草决明、马蹄子、夜拉子等，为豆科一年生草本植物决明或小决明的干燥成熟种子，在我国长江以南各省区均有分布。果肉中含有色素，染出的颜色较丰富，以黄、棕色居多，属于蒽醌类染料，可用于服用、家用纺织品等。

(19)越橘:是杜鹃花科植物,常绿矮小灌木,产于黑龙江、内蒙古、新疆等地。果肉中含有色素,果渣、果皮作为染料在棉、毛、丝上均有上色效果,得粉红等色。

(20)槟榔:为棕榈科植物槟榔的果实,别称槟榔子、宾门、橄榄子等,主要分布在我国云南、海南及台湾地区。槟榔果核染色在棉与丝上呈现色调大致相同,媒介染色主要得肉桂棕色、深灰色、褐色等,槟榔心染色主要得酒糟红。

(21)莽吉柿:俗称山竹、山竺、倒捻子等,我国台湾、福建、广东和云南有种植,果壳呈深紫色,用多种媒染剂配合,染色织物得米色、黑色、棕色等。

(22)爬墙虎:又称地锦、红丝草、爬山虎等,落叶藤本植物,叶中含矢车菊素,果实和叶可用于天然纤维棉、麻、丝、毛染色,效果较好,媒介染色呈现出米色、浅黄色、军绿色和咖啡色等。

(23)枇杷:别称芦橘,又名金丸、芦枝,分布于很多地区,果肉中含有色素,染色织物主要得黄色。

(24)火龙果:又称红龙果、青龙果、玉龙果等,分布于我国海南、广西、广东、福建等省区,果肉、果皮作染料主要得红色。

(25)胭脂果:是热带地区有名的染料植物胭脂树的种子,别称臙脂木、胭脂木、红木等,我国东南沿海等省区有栽培,果实中含有色素,提取的染料属于类胡萝卜素化合物,染着性极好,可染得黄色、橘黄色、橙红色等,属于重要的染料植物。

(26)槲树:壳斗科落叶乔木,分布于我国豫西一带和陕西南部,壳斗中含有色素,媒染染色织物主要得灰色。

(27)花香树:别名花木香、栲香、花龙树等,原产于我国甘肃、河南及江南各省,果中含有色素,染色织物主要得灰色或黑色。

(28)桑葚:又名桑葚子、桑枣、乌椹等,桑葚树在中国南北广泛分布,果实中含有色素,染色织物主要得蓝紫色。

(29)覆盆子:别称覆盆莓、小托盘等,我国很多地区有分布,果实中含有色素,染色织物主要得红色。

(30)沙棘果:别称醋柳、黑刺、酸刺,产于新疆、河北、辽宁、陕西、青海等地,果实含有色素,染色后织物主要得黄色。

(31)橡树:又称栎树或柞树,我国辽宁、北京、河南等地均有分布,壳中含有色素,染色织物主要得棕色。

(32)商陆:别称山萝卜、金七娘、白母鸡等,我国长江以南地区分布广泛,果实染色织物主要得浅紫红色,茎提取色素染色为偏黄色。

(33)碗子青:碗子,也称为壳斗,指青冈树果实外壳,经过与青矾、五倍子的配伍,染出乌黑发亮的黑色,史称“碗子青”。还可染出其他颜色。

(34)胡桃:又称核桃、青龙衣、山核桃,中国多地均有分布,树皮、果壳染色丝、棉主要得棕色,鲜果外皮直接染色织物得黄色,属于直接型染料。

(35)橘子皮:分布于世界上大多数国家和地区,皮染色织物主要得黄色。

(36)决明子:豆科一年生草本植物决明或小决明的干燥成熟种子,也叫草决明、马蹄决明、羊尾豆等,分布于我国长江以南各省区。种子含蒽醌类化合物,属于蒽醌类染料,可按常规染色工艺对各类纤维进行染色,且得色很深,牢度较好。

(37)红豆:别称鸡母珠、美人豆、相思豆等,产于我国台湾、广东、广西、云南,表皮含有色素,染色织物主要得红色。

(38)苜蓿:主要产区在我国西北、华北、东北、江淮流域,种子含有色素,染色织物主要得黄色。

(39)栎树:分布于全国各省区,树皮、壳斗中含有色素,树皮染色织物主要得黑色,属于媒染染料,是我国传统染色植物之一。

(40)石榴:石榴科植物,我国大部分地区均有分布,其根或根皮别称为石榴根皮、醋石榴根、醋榴根、石榴树根。根染色主要得黑色;石榴皮的主要染料成分是鞣花酸类物质,其具有多酚类酯的结构,显酸性,可直接染色得黄色,也可以媒介染色得黄、橙黄色,还可得咖啡色;果实染色得黄色,属于直接染料,是我国传统染色极为重要的染色植物之一。

(41)葡萄:葡萄的表皮含花青素,是一类类黄酮化合物,其主要着色成分为锦葵素、芍药素,还含有对染色有抗氧化作用的物质白藜芦醇,中国各地均有栽植。葡萄皮染料是一种媒介染料,与丝绸可直接染色,与棉、麻需媒染,染色后织物呈紫色系。葡萄叶在丝、棉、麻上均有较好的染色效果,得黄、土黄等色。

(42)板栗:又名栗、中国板栗,是山毛榉科栗属植物,多产于我国长江中下游平原。其壳色素属于黄酮类,是极好的染料,且具有一定的抗氧化和抑菌作用,在棉、麻、丝、毛等天然纤维上均有较好的染色效果,可直接染色,也可媒染染色,染色得棕色。其树叶采用无媒染、铝媒、铁媒对棉、麻、丝、毛染色,可得黄色、军绿色、灰色、黑色。栗树皮染色得棕色。

(43)杨梅:主要分布于我国长江流域以南、海南以北。果实、树皮、枝叶含有色素,均可在丝、棉、麻、毛上染色,枝叶染色主要得绿色;果实染色无媒染呈琥珀色,灰媒染呈黄茶色,锡盐媒染呈黄色,亚铁盐媒染呈深草绿色,铜盐媒染呈茶黄色,铁盐与石灰并用媒染呈海带色;树皮染色主要得黑色。

(44)荔枝:别名大荔、丹荔,主要产于我国南部,其壳和叶变废为宝作天然染料,对蛋白质纤维和纤维素纤维均有较好的染色效果,壳染色可得土红色、棕红色及灰色等,叶染色可得淡橘色。

(45)柿子:我国除北部黑龙江、吉林、内蒙古和新疆等寒冷地区外,大部分省区都有种植。果壳、果皮和枝叶含有色素,染色织物主要得黑色。

(46)玫瑰茄:别称红金梅、山茄、洛神葵等,为锦葵科植物,在我国广东、福建、海南等地均有栽培。根、种子含有色素,可作为天然纤维的染料使用,不同的染色方法和媒染剂对棉、麻、丝、毛天然纤维的染色可得粉红、黄绿、棕色等颜色。

(47)塔拉:别称刺云实、蓝苏木,我国四川、西藏、海南等地均有栽培,豆荚壳中含有色素,染色后织物主要得浅黄色。

(48)柚:别称文旦、香栾、内紫等,我国长江以南各地均有栽培,皮做染料染色后织物主要得柚黄色。

(49)草莓:又叫红莓、洋莓、地莓等,草莓是对蔷薇科草莓属植物的通称,属多年生草本植物。果实、草莓叶染色效果较好，有抗氧化的功能，在棉、麻、丝、毛等天然纤维上利用不同的媒染剂媒染呈现不同的色相。

（50）洋葱：也称圆葱、玉葱、番葱等，是百合科葱属多年生草本植物，我国各地均广泛栽培，对真丝、麻、棉三种纤维染色效果较好，洋葱皮染色蚕丝色泽较明亮，无媒染、明矾媒染呈橙黄色，石灰媒染呈红褐色。棉的染色色调和丝基本一致，但明度都较低些，染色织物主要得黄色、红色。属于媒染染料。

（51）马桑：别称马鞍子、野马桑、紫桑，分布于我国云南、四川、甘肃等地。枝叶、果实均可作染料，在丝和棉上染色效果都很好，颜色比较深，染色织物得土黄色、黛绿色等。

（52）刺梅花：别称番刺梅、番仔刺、番仔树，我国南北方均有栽培。浆果和枝叶含有色素，浆果铁媒染后主要得棕色，老干、叶子直接染色得黄色。

（53）杜松子：为杜松子树的莓果，分布于我国东三省、内蒙古、宁夏等省区。染色织物主要得黄棕色。

六、色素存在于植物根中的天然染料

（1）茜草：别名为红茜草、五爪龙、土丹参等，茜草科多年生蔓生植物，分布于我国长江流域和黄河流域。根含茜草素，色素的主要成分为茜素和茜紫素，可以作大红色染料，茜草属于媒染染料，直接染色织物只能染得浅黄色的植物本色，加入媒染剂则可染得赤、绛等多种红色调。以氧化铝为媒染剂，可在织物上染得鲜艳、坚牢度较好的红色，以氧化铁为媒染剂则可染得相当坚牢度的紫色和黑色。是我国传统染色极为重要的染色植物之一。

（2）广豆根：为豆科物越南槐的根，别称山豆根、小黄连，在我国分布于广西、贵州、云南。化学成分为黄酮类化合物，结构主要为染料木素、越南槐醇等，可以作为黄色染料使用。

（3）常山：别名黄常山、蜀漆、黄常山等，分布于我国甘肃、江苏和西藏等地，其干燥根可作为染料在棉、丝、毛、莫代尔上染色，得亮黄、米黄等色。

（4）苎麻根：别名苎根、苎麻头、山茶头，为荨麻科植物苎麻的根，多年生草本植物。我国中部、南部、西南等地均有栽培，属黄酮类染料，对棉、麻、丝、毛纤维的染色效果较好得棕色系。

(5)地黄：别称生地、怀庆地黄、小鸡喝酒，玄参科地黄属多年生草本植物，中国各地及国外均有栽培，根做染料染色主要得黄色。

(6)丹参：别称红根、大红袍、血参根，全国大部分地区都有分布，染色后织物主要得红棕色。

(7)血根草：生长在潮湿至干燥的林地与灌木丛。根茎里的橙红色汁液曾被美洲印第安人用作染料，铝媒染后主要得红色。

(8)牛舌草根：主要生长在我国新疆，其他地区也有栽培，根中含有色素，直接染色后织物主要得红色。

(9)蓬子菜根：茜草科植物蓬子菜的根，我国东北、西北至长江流域有分布，直接染色后织物主要得红色。

七、色素存在于树木中的天然染料

(1)林檎：又名花红，分布于我国华北、西南及辽宁等地，色素在木中，染色织物主要得黄色。

(2)水冬瓜：别称白冬瓜、地芝、冬瓜等，我国辽宁、河北、河南等省有栽培，色素在木中，染色织物主要得棕色。

(3)柘树：别名柘木、柘树、柘桑等，是桑科柘属的一种植物，在我国分布于华北、华东、中南、西南各省区。柘木染出的颜色是黄中带赤色，在月光下呈现泛红光的赭黄色，在烛光下呈现赭红色，其色彩眩目，不易褪色，是一种极品染料，除柘黄色外，柘木还可以染出其他颜色。

(4)黄栌：别名红叶黄栌、黄龙头、黄栌柴等，分布于我国西南、华北和浙江。栌木中含非瑟酮色素，茎干直接染色黄色，媒染主要得金黄色。是一种黄色植物染料。

(5)血檀：又称赞比亚紫檀、非洲紫檀属于花梨或亚花梨，也隶属于澳洲的桃金娘科桉木，作为天然染料使用在丝绸和棉布上有上色效果。颜色接近红咖色以及相邻色。

(6)红酸枝:隶豆科黄檀属热带常绿大乔木,主要分布于东南亚、中南美洲的热带地区。色素在木中,可作为染料使用,在丝绸和棉布上染色颜色偏黄咖色,丝绸上呈略深一些的咖啡色,棉布上黄色为多。

(7)越南黄花梨:别称徐闻黄花梨、黄花梨、降香木等,木豆科植物,分布于海南、广东、福建等地。色素在木中,可作为天然纤维染料使用,在丝和棉上染色效果较好,染色织物主要得柠檬黄、褐色等。

(8)苏木:别名苏方、苏方木、棕木等,主要产自我国长江以南地区,芯材浸液可作红色染料,对毛、麻、丝、棉等染色可染得多种红色(木屑铬媒染得绛红至紫色,铝媒染得红色,铜媒染红棕色,铁媒染得褐色,锡媒染得浅红至深红色)。苏木精用氧化铬为媒染剂可染成黑色,故称为苏木黑。属媒染型染料,是我国传统染色极为重要的染色植物之一。

(9)紫檀木:别名青龙木、黄柏木、黑骨柴等,豆科紫檀属乔木,是世界名贵木材,主要产于南洋群岛的热带地区,化学成分主要为紫檀素、高紫檀素、安哥拉紫檀素等,对丝、棉面料染色效果均很好,染色牢度也很好,可单独染色,也可作染红、橙等色的辅助染料使用。

(10)非洲柚木:别称非洲柚木、非洲黑檀、红豆柚、泰柚,产于热带雨林地区。色素在木中,在植物纤维和动物纤维上均有染色效果,丝上的染色效果好过棉,染色牢度极好,因名贵稀有一般与其他染料配合以提高染色牢度,不同方法染色丝、棉得棕黄、黑等色。

(11)非洲小叶紫檀:光亮杂色豆木,豆科杂色豆属植物,在西方和非洲历史上是有名的天然染料,广泛生长于西部非洲原始森林。色素在木中,作为植物染料,在棉、麻、丝、毛上染色可得橘红、橘黄等含蓄、雅致、高贵的颜色。

(12)印度小叶紫檀:别称檀香紫檀,产于印度,色素在木中,是很昂贵的染料,对棉、麻、丝、毛染色得橘黄、橘红、棕色等丰富颜色。

(13)鸡血藤:是豆科崖豆藤属的植物,我国很多省均有分布,是一种很好的黄酮类染料,对天然纤维棉、麻、丝、毛染色效果较好,得色以棕褐色为多。

(14)红坚木:分布于东南亚到南太平洋地区。色素在木中,染色织物主要得黄褐色。

(15)黄金树:别称白花梓树,我国福建、河南、新疆等地均有栽培。色素在木中,染色织物主要得黄色。

(16)赤杨:别称水冬瓜树、水青风、桤蒿,分布于我国四川、陕西、甘肃等地,色素在木中,铁媒染产生带有黑色的藏青色。

(17)臭木:别称花梨木、臭桐柴,我国产于南方各地,木中含有色素,染色织物主要得红色。

(18)巴西木:别称芳香龙血树、花虎斑木、香花龙血树等,我国广泛引种栽培。色素在木中,用氧化铝为媒染剂产生红色,用氧化锡为媒染剂可产生玫瑰红色。

(19)黄檗:别称檗木、元柏、黄柏等,为芸香科植物黄皮树或黄檗的干燥树皮,我国东三省及河北有分布,对丝绸和棉布有极好的染色效果,还具有防虫避虫的功能。是唯一含有盐基色素的染料,染色主要得黄色,属于直接型、阳离子型染料。是我国传统染色极为重要的染色植物之一。

(20)紫叶小檗:别名红叶小檗,小檗科,产于我国东北南部、华北及秦岭地区。木、皮对天然纤维和化学纤维均可染色,因含有小檗碱直接染色颜色更黄,不同方法染色基本上是黄色。

(21)龙眼:别名为桂圆、圆眼等,属无患子科龙眼属,产于我国南方,木、叶中含有色素,对丝、棉染色效果较好,得棕红、黑灰等颜色。叶片染色得咖啡黄色。

(22)墨水树:别称采木、洋苏木,我国台湾、深圳等地有栽培,木、树皮中含有色素,染色后织物主要得黑色。

(23)海藤树:生长在南方热带林中,枝干的汁液为藤黄,也叫玉黄、月黄。古代用藤黄在绢、宣纸、帛上作画。种子衣中含色素藤黄宁,树汁中含藤黄素,染色织物主要得黄色。

八、色素存在于树皮中的天然染料

(1)日本赤杨:分布于我国黑龙江、吉林、河北、山东以及华中各省。树皮中含有色素,染色织物主要得红色。

(2)儿茶树皮:为豆科植物儿茶的树皮,分布于我国云南南部地区,海南也有栽培,铁媒染后织物主要得棕色。

(3)苦楝子:别名紫花树、楝枣树、火稔树等,楝科植物中的著名品种,产于我国黄河以南各省区。树皮中含有色素,在竹纤维、丝绸上均有较好的染色效果,得棕色、灰色等。

(4)红桦树:桦木科落叶乔木,产于云南、四川东部、湖北西部等地区。桦树皮可以作为天然植物染料使用,对丝绸和棉布有较好的上色效果,颜色为棕色系。

(5)杨树:别称麻柳、蜈蚣柳,通常指杨柳科杨属一类的泛称,我国分布很广。杨树皮作染料,用直接染色和媒介染色差别不大,在丝、棉上都有较好的上染性,丝绸上染色效果更好,染色得深浅不一的棕色及墨绿色等。

(6)柳树:柳树是一类植物的总称。我国各地均有种植。树皮在棉、麻、丝上均有染色效果,得色偏棕色。

(7)柽柳:别称垂丝柳、红柳、阴柳皮等,栽培于我国东部至西南部各省区,树皮作染料染色主要得茶色。

(8)紫竹:别称黑竹、墨竹、竹茄、乌竹,我国南北各地均有栽培,表皮中含有色素,染色主要得黑色。

(9)白桦:又名疣桦,落叶乔木,产于我国东北、华北、云南等省,树皮中含色素,染色主要得棕色。

(10)金缕梅:别名木里香、牛踏果,分布于我国四川、安徽、湖南等省区,树皮、枝叶中含有色素,染色主要得黑色。

(11)柯树:又名木奴树、石栎、栲树等,分布于我国浙江、福建、广西等长江以南各地,树皮、枝叶中含有色素,染色主要得黑色。

(12)盐肤木:别称五倍子树、五倍柴,是漆树科盐肤木属落叶小乔木或灌木,在我国除东北、内蒙古和新疆外,其余各省区均有分布,色素在树皮、树叶中,可以作为天然植物染料使用,在丝和麻面料上均有染色效果,得黑灰色等颜色。

(13)香樟树:别名樟树、芳樟、乌樟等,广布于我国长江以南各地,树叶、树皮作为天然染料染色天然纤维效果理想,染色主要得茶色或棕色。

(14)香椿:别名山椿、香椿头、香椿芽等,产于我国长江南北的广泛地区,树皮和枝叶均可染色,在丝绸和棉布上均有较好的得色效果,染出的颜色以黄棕色为主。

(15)桑树:又名家桑、桑葚树、黄桑等,产于全国大部分地区,叶、树皮、根中含有色素,主要成分为黄酮类、植物甾醇等,是一种使用方便、易于控制染色浓度和色调的染料,对棉、丝、毛、麻等纤维均可染色,主要得色为黑褐色,属于媒染染料。

(16)秦皮:别称岑皮、秦白皮、蜡树皮等,我国主要分布于东北、黄河流域、云南等地,枝皮、杆皮中含有色素,染色主要得棕色。

(17)长叶松:别称大王松,在我国南京、上海、福州等地生长良好,树皮中含有色素,铝媒染后主要得黄色。

(18)枣树:鼠李科枣属植物,落叶小乔木,别称大枣、刺枣,贯枣等,树皮褐色或灰褐色,枣树叶含蜡醇、原阿片碱和小檗碱,可在棉、麻、丝、毛纤维上染色,得柠黄色、咖喱色、橄榄灰等色。

(19)相思树:别称台湾相思、香丝树、相思仔、假叶豆。树枝用石灰媒染得牛皮纸色;叶用铜媒染得淡土黄色,石灰媒染得米色;树皮与盐染棉得淡肤色,染丝得淡赭色;树皮铜媒染得枣色。

(20)黑荆树:我国广东、云南、福建等地均有栽培,树皮中含有色素,染色后主要得浅棕色。

(21)云杉:别称大果云杉、异鳞云杉、白松等,我国以华北山地分布为广,东北、陕西、甘肃等地也有分布,树皮中含有色素,染色后主要得黄棕色。

(22)珠仔树皮:我国主要分布于云南、广西、广东等地,染色主要得棕色。

(23)菩提树皮:在我国广东沿海岛屿、广西、云南等地多有栽培,铝媒染后主要得棕色。

九、色素存在于虫体中的天然染料

(1)五倍子:别称盐肤木、山梧桐,又名百虫仓、百药煎、棓子,我国除东北、内蒙古和新疆外,其余省区均有分布。色素寄主树上的虫瘿,作为染料历史悠久,染色得黑色,属于媒染染料,是我国古代主要的天然染料之一。

(2)胭脂虫:生长在栎树上或仙人掌上,色素在虫体中,树躯体直接染色、铝媒染和锡媒染毛线和丝绸产生很漂亮的深红色、粉红色及浅红色,但不适用于棉布,属于动物染料。

(3)紫胶虫:是一种重要的资源昆虫,生长在豆科和桑科植物上,我国分布于云南、西藏、福建等省区,色素在虫体中,属于动物染料,可用于丝、棉、毛、麻纺织品染色及羊皮纸、建筑装饰染色和一些佩饰纺织品、象牙等的染色,染色主要得紫色。

(4)蚕沙:为蚕蛾科昆虫家蚕蛾幼虫的干燥粪便,含有色素,蚕沙色素主要为叶绿素,也含有黄酮类,作为染料直接染色和媒染棉、麻类织物上色量不高,丝绸和羊绒上色比较好,呈现黄色调。

十、矿物源天然染料

(1)辰砂:又称丹砂、赤丹、朱砂等,是硫化汞(HgS)矿物。我国是世界上出产辰砂最多的国家之一,主要产地是贵州东部和湖南西部,古代用于麻布染色,染色主要得红色。

(2)赭石:氧化物类矿物刚玉族赤铁矿,主要成分为三氧化二铁(Fe_2O_3),我国产地有辽宁鞍山、甘肃镜铁山、湖北大冶、湖南宁乡和河北宣化。古代被用来作监狱囚衣的专用颜料,染色主要得赭色(红色、赤红色、深红色、暗红色)。

(3)白云母:也叫普通云母、钾云母或云母,我国各地分布广泛,染色主要得白色。

(4)胡粉:胡粉是“化铅所作”,是人工制造出来的,化学成分是碱式碳酸铅,染色主要得白色。

(5)墨黑:以松柴或桐油的炭黑(经过焚烧)和胶制成的黑色,彩绘衣饰用。

(6)石墨:矿物质石墨处理布匹,使之具有深灰的色彩。

(7)石黄:又称石黄、鸡冠石、黄金石,是雄黄[四硫化四砷(As_4S_4)]的俗称,通常为橘黄色粒状固体或橙黄色粉末,质软,性脆,我国主产地为湖南和云南,彩绘衣服主要得红光黄色。

(8)石绿:别名铜青、铜绿,颜色有翠绿、草绿及暗绿等,彩绘衣服主要得蓝绿色。

(9)空青:别名青油羽、青神羽、杨梅青,又名营浆石,是一种世上罕见的奇特矿石,我国主要产于广东阳春、湖北大冶和赣西北,彩绘衣服主要得蓝色。

(10)墨鱼汁:存储于乌贼鱼、墨斗鱼、鱿鱼等的墨囊,染色主要得黑色。

第三章　天然染料的主要提取方法及染色方法

第一节　天然染料的主要提取方法

现有天然染料的提取方法有很多种，包括溶剂萃取法、微波萃取法、超声波萃取法、离子沉淀法、酶萃取法、超临界萃取法、离子沉淀法、树脂吸附法、冷冻干燥法、膜分离法等。虽然这些方法在工艺流程上各有特色，但基本为提取和精制两大步骤。许多天然染料的化学结构到目前还不十分清楚，提取的工艺也很落后，研究和开发天然染料的提取和应用工艺十分必要，特别是综合利用植物的叶、花、果实及根茎及其他工业生产的废料来提取天然染料更有现实意义。

一、溶剂萃取法

溶剂萃取法是天然染料最常用的提取方法之一。植物染料的有效色素存在于植物的根、茎、叶、果中，大部分可溶于水或极性小的有机溶剂，故可使用溶剂萃取法进行提取分离。具体提取方法有浸渍法、渗滤法、煎煮法、回流提取法和连续回流提取法等。所用溶剂一般为水或亲水性强、来源广泛、无毒的有机溶剂乙醇、稀酸、稀碱等提取水溶性色素，采用己烷、二氯甲烷、石油醚、碱性水溶液提取脂溶性色素。溶剂必须来源广泛、沸点适当，利于回收再利用，对需要溶出的溶质的溶解度高，对其他成分溶解度低。此法工艺简单、设备投资小、技术易掌握、适用范围广。利用溶剂提取法提取染料过程中，提取剂浓度、温度、时间、酸碱度等因素对提取效果影响极大。只有正确使用提取剂,合理调节温度、时间、酸碱度才能充分地将色素从染材中提取出来,使提取的染料达到染色要求。可以采用溶剂萃取法提取的染料很多,本书收录的染料采用溶剂萃取法的最佳工艺条件见附录一。

(1)水煮法提取染液的工艺流程:

植物材料→粉碎→浸泡→煮沸→过滤→滤液

(2)溶剂萃取法提取染液的工艺流程:

植物材料→粉碎→提取剂溶液中浸泡→倒出溶液(染液)→滤渣再次浸渍提取→合并两次滤液(染液)

本文以水浸提取紫叶酢浆草染料和乙醇溶剂萃取红王子锦带花染料的工艺研究为例,来阐述溶剂法提取天然染料的应用。

(一)水浸法提取紫叶酢浆草天然染料

紫叶酢浆草别名红叶酢浆草、三角紫叶酢浆草。为酢浆草科多年生宿根草本植物,在我国资源日渐丰富。其叶多呈紫红色,含有丰富的天然红色素,是极具开发前景的天然色素资源,而且全草可入药,在食品、化妆品、医药领域有着巨大的应用潜力。目前并没有其作为天然染料的研究报道。本文利用古老和传统的水煮法提取紫叶酢浆草染液的研究,旨在开发紫叶酢浆草功能性染料,拓宽紫叶酢浆草提染料的市场开发领域。

1. 试验设计

(1)材料、药品与仪器。

①材料。紫叶酢浆草(采自辽东学院农学院园艺试验站),真丝电力纺[克重 43g/m^2,达利(中国)有限公司]。

②药品:盐酸,氢氧化钠,明矾(以上均为分析纯)。

③仪器。高速万能粉碎机(上海艾牧生物科技有限公司);SL-302N 电子天平(上海民桥精密科学仪器有限公司);DZKW-C 电子恒温水浴锅(北京光明医疗仪器厂);722N 型分光光度计、PHBJ-260 便携式 pH 计(上海精密科学仪器有限公司);Y571B 耐摩擦色牢度测试仪(温州纺织仪器厂);DHG-9123A 型电

热恒温鼓风干燥箱(上海精宏实验设备有限公司);耐洗色牢度试验机 SW-12A(无锡纺织仪器厂);Color-Eye3100 型测色配色仪(理宝科学器材有限公司);SOT2-24 振荡染色机(香港东成染色机械厂有限公司)。

(2)试验方法。采用水煮提取法,称取一定重量粉碎的新鲜的红莲子草茎叶,按一定的料液比在不同条件下提取,冷却、室温静置 15min,得染料,重复 2 次,合并提取液,其提取的原液浓度设为 *A*。测定提取液染色真丝的 *K/S* 值,用于确定最佳工艺参数。

(3)结果与分析。

①提取温度的确定。提取时料液比定为 1∶30,分别在 20℃、40℃、60℃、80℃、100℃提取 60min,提取 2 次,将提取液合并。提取液用于染色真丝,染色条件为浴比 1∶30,染液浓度 0.8*A*,pH 为 4,温度 80℃,染色 60min;后媒染时间 30min,媒染温度 70℃,媒染剂明矾用量为 7%(owf),浴比为 1∶30。测定提取液染色真丝的 *K/S* 值,用于确定提取液提取温度对染液染色效果的影响,结果如表 3-1 所示,被染真丝的 *K/S* 值随温度的升高而增大,80℃以后提升不大。所以提取温度定为 80℃。

表 3-1 提取温度对染色样品 *K/S* 值的影响

K/S 值	温度/℃				
	20	40	60	80	100
直接染色	0.453	0.548	0.680	0.687	0.689
后媒染色	0.742	0.853	9.342	9.345	9.346

②提取时间对染色效果的影响。提取时料液比定为 1∶30,80℃分别在 20min、40min、60min、80min、100min 提取 2 次,合并提取液。提取液用于染色真丝,通过 *K/S* 值的变化确定适合的提取时间。染色条件为浴比 1∶30,染液浓度 0.8*A*,pH 为 4,温度 80℃,染色时间 60min;后媒染中,媒染剂明矾用量为 7%(owf),浴比为 1∶30,媒染温度 70℃,媒染时间 30min。测定提取液染色真丝的 *K/S* 值,用于确定提取液提取时间对染液染色效果的影响,结果如表 3-2 所示,

被染真丝的 K/S 值随时间的延长而增大，当时间延长至 60min 时真丝的 K/S 值变化极小，故提取时间为 60min。

表 3-2　提取时间对染色样品 K/S 值的影响

染色样品	时间/min				
	30	45	60	90	120
直接染色	0. 458	0. 543	0. 681	0. 682	0. 682
后媒染色	0. 736	0. 854	9. 337	9. 341	9. 342

③料液比对染色效果的影响。提取时选取不同料液比为 1∶10、1∶20、1∶30、1∶40、1∶50 在 80℃ 提取 60min，提取 2 次，将提取液合并。提取液用于染色真丝，通过 K/S 值的变化确定适合的料液比。染色条件为浴比 1∶30，染液浓度 0. 8A，pH 为 4，温度 80℃，时间 60min。后媒染中，媒染时间 30min，媒染温度 70℃，媒染剂明矾用量为 7%（owf），浴比为 1∶30。结果如表 3-3 所示，料液比小，紫叶酢浆草染液的浓度相对较高，被染真丝的 K/S 值较高，但实际浸提操作困难，料液比增大紫叶酢浆草染液的质量浓度随之降低，被染真丝得色量降低，K/S 值下降，考虑到染料的利用问题，最终将浸提料液比定为 1∶30。

表 3-3　料液比对染色样品 K/S 值的影响

染色样品	料液比				
	1∶10	1∶20	1∶30	1∶40	1∶50
直接染色	0. 675	0. 675	0. 675	0. 594	0. 481
后媒染色	10. 54	9. 62	9. 338	7. 319	5. 427

（4）结论。综合上述实验结果，紫叶酢浆草染液优化工艺为：料液比 1∶30，提取温度 80℃，提取时间为 60min，提取 2 次，合并提取液。水煮法提取紫叶酢浆草染料，缩短了染料提取时间，降低了提取成本，对环境友好。

（二）溶剂萃取法提取红王子锦带花染料

红王子锦带花为忍冬科锦带花属落叶灌木，是近几年刚从美国引进的木本植物，在我国东北、华北地区广泛栽培，资源十分丰富，其花朵密集，花冠胭脂红色，艳丽悦目，不仅具有很高的观赏价值，还含有黄酮和黄酮苷类以及有机酸、烷烃、酚类等生理活性较强、药用广泛、疗效显著的化学成分。还可提取丰富的红色素，是良好的天然色素资源，可应用于日用化工、食品、制药业领域，而作为染料用于纺织品染色方面尚未有研究报道。为了更好地开发红王子锦带花资源，本研究从红王子锦带花中提取染料。测试了染料的稳定性，探讨了提取工艺，为其提取技术开发提供了参考依据，也为进一步丰富天然染料的色谱奠定基础。

1. 试验设计

(1)材料、药品与仪器。

①试验材料：红王子锦带花(采自辽东学院校园内)

②试验药品：碳酸钠、冰醋酸(均为分析纯)

③仪器：高速万能粉碎机(上海艾牧生物科技有限公司)；SL-302N 电子天平(上海民桥精密科学仪器有限公司)；DZKW-C 电子恒温水浴锅(北京光明医疗仪器厂)；PHS-3C 型 pH 计(上海伟业仪器厂)；722N 型分光光度计(上海精密科学仪器有限公司)；DHG-9123A 型电热恒温鼓风干燥箱(上海精宏实验设备有限公司)。

(2)红王子锦带花落叶染料的提取及稳定性检测。称取干燥的红王子锦带花瓣 20g，粉碎后过 250μm 孔径的筛子，加 40%己醇提取液 600mL，在温度 60℃浸提 1h，再在滤渣中加入 350mL40%己醇提取液，60℃浸提 30min，过滤，合并 2 次提取液定容至 1000mL，作为染液使用。浓度设为 A。将少量提取液稀释至一定倍数，在 400~600nm 测定溶液吸收曲线，对其稳定性进行研究。

2. 结果与讨论

(1)红王子锦带花染料的最大吸收波长。取 1mL 提取液，加蒸馏水稀释至 10mL，在 400~600nm 测定溶液吸收曲线。结果如图 3-1 所示，染料最大吸收峰在 510nm 处，吸光度值 0.573，提取液颜色为深红色。随后吸光度值随着波长增大呈递减趋势。

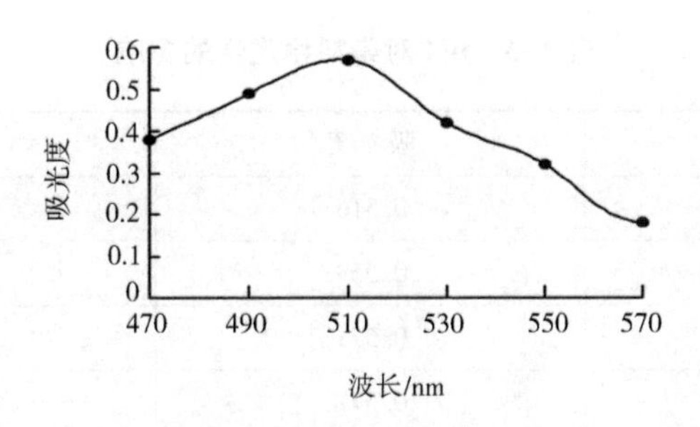

图 3-1　红王子锦带花最大吸收波长

(2)红王子锦带花染料的稳定性。

①红王子锦带花染料耐热稳定性。染料热稳定性好坏是染色工艺参数的制定、染色织物的使用环境的重要参考因素。取 5 份 2mL 提取液,加 20mL 蒸馏水将其稀释。分别在室温(25℃)、40℃、60℃、80℃、100℃恒温水浴处理 60min,取出冷却,测定吸光度值,计算色素的保存率,确定提取液耐热稳定性。结果如表 3-4 所示,染料超过 80℃吸光度值明显减小,颜色由鲜艳的棕红色变为淡粉色,说明染料超过 80℃受热时,其成分发生变化,因受热而分解和变色,保存率大幅度降低,因此,红王子锦带花染料适宜在 80℃以下使用。

表 3-4　温度对染料稳定性的影响

温度/℃	吸光度	颜色
25	0. 572	深红
40	0. 548	深红
60	0. 487	深红
80	0. 395	橙红
100	0. 229	浅粉

②红王子锦带花染料酸碱稳定性。取少量的提取液,加蒸馏水稀释至 10 倍,用 0. 1mol/L 冰醋酸和 0. 1mol/L 碳酸钠调节 pH,放置 1h,观察颜色的变化,测定吸光度值。结果如表 3-5 所示,酸性越强吸光度值增幅越大,颜色越红;在中性至碱性溶液染色明显发生变化,吸光度值降低,即色素耐酸稳定性好,耐碱稳定性较差。

表 3-5　pH 对染料稳定性的影响

pH	吸光度	颜色
1.01	0.516	深红
2.13	0.559	深红
3.08	0.573	深红
4.21	0.571	深橙红
5.04	0.413	浅橙红
6.33	0.320	黄绿
7.19	0.219	黄绿
8.35	0.211	黄绿
9.27	0.197	墨绿
10.23	0.192	墨绿
11.09	0.187	墨绿
12.18	0.181	墨绿
13.00	0.179	墨绿

3. 结论

溶剂萃取法提取红王子锦带花染料方便快捷，不存在合成染料对环境的污染和对人体的危害，可用于纺织业的大规模工业化生产，可为开发天然染料提供技术依据，也为真正实现农业资源的高效循环利用提供依据。

二、微波萃取法

微波萃取是利用分子发生高频运动、扩散速率增大，染料浸提物在微波辐射作用下快速浸提出来。此法具有高选择性、节省提取时间、提取率高的特点，是至今唯一能使目标组分直接从基体分离的萃取过程，受溶剂亲和力的限制较小，可供选择的溶剂较多，在染料的萃取方面显示出了很大的优势。可以采用微波萃取法提取的染料很多，本书收录的染料采用微波萃取法的最佳工艺条件见附录一。

本书以微波萃取法提取鹿角漆树果穗染料工艺研究为例，来阐述微波萃取法在提取天然染料中的应用。

鹿角漆树也叫火炬树、火炬漆，漆树科，无毒灌木，适应性极强，喜生于河谷滩、堤岩及沼泽地边缘，也能耐干旱贫瘠，可在石砾山坡荒地上生长。其生长速度极快，可一年成林。雌花序及果穗鲜红色，形同火炬，为理想的水土保持和园林风景造林用树种，在我国大部分地区均有栽培，资源十分丰富。鹿角漆树果穗色素颜色鲜艳，不仅可作食用色素，还可以用于化妆品着色，具有广泛的开发应用前景。关于鹿角漆树果穗红色素的提取报道较少，选择一个快速有效的鹿角漆树果穗红色素提取方法可避免烦琐冗长的操作，提高工作效率。微波提取是利用微波能来提高提取率的一种新技术，该技术在提取过程中具有效率高、操作费用低、能耗小、副产物少且环保等优点，是优良的传统替代方法。

1. 试验设计

(1)材料、药品与仪器。

①试验材料。鹿角漆树果穗(采自辽东学院校园内)。

②试验药品。甲醇、乙醚、乙醇、丙酮、正丁醇、石油醚、乙酸乙酯、氯仿。试验所用试剂均为分析纯，水为二次去离子水。

③仪器。WD900B 微波炉、SL-302N 电子天平(上海民桥精密科学仪器有限公司)、DZKW-C 电子恒温水浴锅(北京光明医疗仪器厂)、PHS-3C 型 pH 计(上海伟业仪器厂)、722N 型分光光度计(上海精密科学仪器有限公司)、DHG-9123A 型电热恒温鼓风干燥箱(上海精宏实验设备有限公司)、800 型离心沉淀机。

(2)试验方法。鹿角漆树果穗除籽、晾干、粉碎后过 250μm 孔径的筛子，选择合适的提取剂后，对其料液比、提取温度、提取时间、pH 进行单因素试验，在最大吸收波长 520nm 处测量吸光度值。拟定 3 个水平，采用 $L_9(3^4)$ 正交试验确定最佳提取工艺。

2. 结果与讨论

(1)提取剂的选择。称取 1.000g 鹿角漆树果穗粉末 10 份，分别加入 30mL 的水、甲醇、无水乙醇、50%乙醇、正丁醇、丙酮、乙酸乙酯、乙醚、氯仿、石油醚提取剂浸泡24h。抽滤,稀释,定容,测定吸光度。实验结果如表3-6所示,鹿角漆树果穗色素溶于大多数有机溶剂,其中用50%乙醇提取效果最好,符合色素的性质和质量要求,所以,本实验选择50%乙醇作为提取剂。

表3-6　提取剂对提取效果的影响

溶剂	溶解性	吸光度	颜色
水	微溶	0. 2934	紫红
无水乙醇	溶	0. 3020	紫红
50%乙醇	溶	0. 3007	紫红
正丁醇	溶	0. 3009	紫红
丙酮	溶	0. 2998	红
乙酸乙酯	溶	0. 1894	红
乙醚	溶	0. 2926	红
氯仿	微溶	0. 1874	淡红
石油醚	微溶	0. 1909	淡红

(2)单因素实验。

①微波功率对提取效果的影响。取5个250mL锥形瓶各装入1. 000g鹿角漆树果穗粉末,再分别加入50%乙醇30mL,在微波功率80W、160W、240W、320W、400W条件下提取4min。测定各次的吸光度,结果如表3-7所示,随着微波功率的提高吸光度值随之增加,当功率达到320W时,吸光度值达到最大。随后,加大功率吸光度值有下降趋势。这是由于功率太大,温度升高太快,对色素成分有所破坏,因此选定最佳微波提取功率为320W。

表3-7　微波功率对提取效果的影响

微波功率/W	80	160	240	320	400
吸光度	0. 1945	0. 2058	0. 3092	0. 3107	0. 3014

②微波提取时间对提取效果的影响。取5个250mL锥形瓶各装入1. 000g鹿角漆树果穗粉末,再分别加入50%乙醇30mL,在320W的微波功率下分别提

取 2min、4min、6min、8min、10min，测定各次的吸光度，结果如表 3-8 所示，辐射时间对鹿角漆树果穗红色素的吸光度值影响呈倒 U 形。随着辐射时间的延长，色素的吸光度值增大；辐射时间为 6min 时，吸光度达到最大值。但随着时间的继续延长吸光度反而下降，原因是色素稳定性差，辐射时间过长，色素结构破坏，导致吸光度下降。因此，选定最佳时间为 4~6min。

表 3-8 微波提取时间对提取效果的影响

提取时间/min	2	4	6	8	10
吸光度	0.1693	0.3068	0.3112	0.3004	0.1915

③料液比对提取效果的影响。以 50%乙醇为提取剂，在 320W 微波功率、提取时间 4min 的固定条件下考察料液比 1∶10、1∶20、1∶30、1∶40、1∶50 对色素提取效果的影响，结果如表 3-9 所示，增加料液比对于吸光度影响不大，吸光度并非随料液比的增加而一直增大。当料液比为 1∶30 时吸光度值最大，随后继续增加料液比，吸光度值无明显变化，综合考虑选择料液比为 1∶30。

表 3-9 料液比对提取效果的影响

料液比	1∶10	1∶20	1∶30	1∶40	1∶50
吸光度	0.3001	0.3107	0.3118	0.3118	0.3118

④pH 对提取效果的影响。以 30mL 的 50%乙醇为提取剂，料液比为 1∶30，320W 的微波功率下提取 6min，研究 pH 对鹿角漆树果穗红色素的提取效果的影响，结果如表 3-10 所示，pH<5 色素染料鲜红，染料的吸光度较高，其 pH 为 4 时吸光度值最大；在弱酸及中性条件下（pH=6~7）红色减弱，吸光度值减小；pH>7 不利于鹿角漆树果穗红色素的提取，颜色由红色变为蓝黑色至蓝绿色，随 pH 升高，颜色亦加深。其染料颜色的变化是由色素结构性质发生变化所致，说明染料颜色易受 pH 影响，鹿角漆树果穗红色素的提取应在酸性条件下进行，综合考虑选择 pH 为 4~5。

表 3-10　pH 对提取效果的影响

pH	3	4	5	6	7	8	9
吸光度	0. 3013	0. 3124	0. 3194	0. 3054	0. 3015	0. 2581	0. 2485
颜色	鲜红	鲜红	鲜红	红	红	蓝	蓝绿

(3)正交试验。在单因素试验基础上,以浸提料液比、微波功率、提取时间、pH 四个因素进行正交试验。结果如表 3-11 所示,微波提取鹿角漆树果穗红色素的影响依次为微波功率>pH>提取时间>料液比。选择最佳工艺为 pH 为 5,提取时间 5min,微波功率 320W,料液比 1∶30。这与单因素试验结果相吻合。

表 3-11　微波提取鹿角漆树果穗红色素工艺正交试验

序号	微波功率/W	料液比	提取时间/min	pH	吸光度
1	160	1∶10	4	3	0. 1976
2	240	1∶20	4	4	0. 2635
3	320	1∶30	4	5	0. 3104
4	240	1∶30	5	3	0. 3011
5	320	1∶10	5	4	0. 3098
6	160	1∶20	5	5	0. 2063
7	320	1∶20	6	3	0. 3115
8	160	1∶30	6	4	0. 1984
9	240	1∶10	6	5	0. 3008
K_1	0. 1999	0. 2694	0. 2572	0. 2701	
K_2	0. 2885	0. 2595	0. 2715	0. 2572	
K_3	0. 3106	0. 2700	0. 2703	0. 2716	
R	0. 1107	0. 0105	0. 0143	0. 0144	

3. 结论

综合上述试验结果,微波提取鹿角漆树果穗红色素的优化工艺为:微波提取功率 320W,料液比 1∶30,50%乙醇为提取剂,pH 为 5,提取时间 5min。微波法提取鹿角漆树果穗红色素几分钟就可达到几小时的处理效果，还可以减少有机溶剂的使用量，降低劳动量和生产成本，是一种较好的提取鹿角漆树果穗色素的方法。

三、超声波萃取法

超声波辅助萃取是近年来新兴的萃取技术，将染料原料与水放入超声波发生器中利用空化效应和机械破碎处理，加速浸提物从原料向溶剂扩散，缩短了浸提时间。萃取的染料颗粒小于常规方法制备的染料，渗透能力增强，与纤维结合牢固，其耐日晒色牢度、耐皂洗色牢度和耐浸渍色牢度都有明显提高。超声波技术以其方便、迅速、有效、安全而引人注目，是应用较多的一种破碎方法。超声波辅助萃取应用于天然染料的研究非常多，本书收录的染料采用超声波萃取法的最佳工艺条件见附录一。

超声波萃取工艺流程：

植物材料、水→超声波发生器→冷却→滤液→浓缩→干燥→染料

本书以超声波萃取紫叶矮樱落叶染料的工艺研究为例，来阐述超声波法萃取天然染料的应用。

紫叶矮樱，叶色紫红，含有丰富的红色素，属于有一定的营养和药理作用的黄酮类化合物中花色苷类色素，多用作食品、化妆品的染色剂，目前并没有作为天然染料的研究报道。将紫叶矮樱落叶变废为宝，对其染液的超声波萃取进行研究，旨在开发紫叶矮樱落叶功能性染料，拓宽紫叶矮樱落叶染料的市场开发领域。

1. 试验设计

(1)材料、药品和仪器。

①材料及药品。紫叶矮樱落叶(采自辽东学院校园内)，冰醋酸，无水碳酸钠，以上试剂均为分析纯。

②仪器。Gretagmacbeth Color Eye7000A 电脑测色配色仪(美国 X-rite 爱色丽)，SCSE-IB 超声波清洗器，HHS 电热恒温水浴锅，电子天平，雷磁 PHS-4A

PHBJ-260 便携式 pH 计(上海精密科学仪器有限公司)。

(2)提取工艺及检测指标。紫叶矮樱落叶的提取工艺为:紫叶矮樱落叶粉碎后过 250μm 孔径的筛子→调节 pH→超声波提取→过滤静置→取上清液→定容、调 pH。将少量提取液稀释至一定倍数,在 400~600nm 测定溶液吸收曲线,对其稳定性进行研究。采用测色配色仪测试提取液与蒸馏水的 ΔE^* 值来考察提取效率,所测的 ΔE^* 值是提取液与蒸馏水的色差值。

2. 试验结果与讨论

(1)紫叶矮樱落叶染料的稳定性。

①紫叶矮樱落叶染料的最大吸收波长。取 1mL 提取液,加蒸馏水稀释至 10mL,在 400~600nm 测定溶液吸光度,绘制吸收曲线,结果如图 3-2 所示,染料在 535nm 处有最大吸收,吸光度为 1.072。

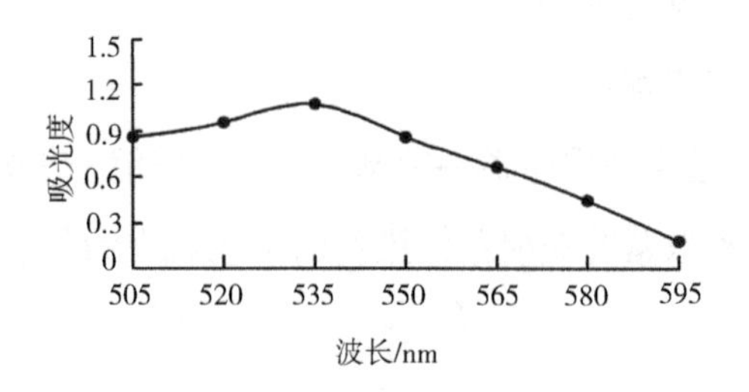

图 3-2　紫叶矮樱落叶染料的吸光光谱图

②pH 对提取液的影响。取一份紫叶矮樱落叶提取液,测得其初始 pH 为 4.5,再平均分成相同体积的两份,其中一份用醋酸调节 pH 在 3~4,并测量其 ΔE^* 值的变化;另一份用 0.1g/mL 的碳酸钠调节其 pH 在 5~9,并测量相应的 ΔE^* 值变化。结果如表 3-12 所示,当用醋酸试剂将试样 pH 调小(pH=3~4)时,紫叶矮樱落叶色素的颜色变化不大,比较稳定。当用 0.1g/mL 碳酸钠试剂将试样的 pH 调大(pH=5~9)时,在 pH<7 的范围内,试样颜色变化相对较小,较为稳定;当 pH=7~9 时,试样颜色变化很大。从以上分析可以看出,紫叶矮樱落叶提取液在酸性和中性(pH 在 3~7)条件下比较稳定,当 pH>7 时,其稳定性较差。

表 3-12　试样颜色受 pH 变化的影响

pH	ΔE^* 值	pH	ΔE^* 值
3	1.741	7	2.981
4	2.536	8	31.247
5	2.795	9	43.786
6	2.843		

(2)超声波法提取。在超声波功率 400W 下,为确定超声波提取紫叶矮樱落叶染料的最佳工艺,选取适当的因素和水平设计出 50%乙醇溶液提取紫叶矮樱落叶染料的正交表,如表 3-13 所示,经过对实验数据进行极差分析可以看出,当料液比和时间水平变动时,提取液的 ΔE^* 值即提取效率变化最大;当 pH 和温度变动时,提取液的 ΔE^* 值变化相对较小。由此可以根据极差的大小确定影响因素的主次:料液比>时间>温度>pH。因此,在生产中要特别注意控制好料液比的调节,并保证提取时间,而 pH 和温度则应取较为经济和方便的条件。

由 K_1、K_2、K_3 的含义可知,各因素所在列的 K_1、K_2、K_3 的差异实际上只反映该因素由于水平变动引起提取效率的波动,而不受其他因素水平变动的影响,所以把各因素的好水平简单地组合起来就是最优工艺。但是,实际选取时,还应该区分各因素的主次,对于主要因素,一定要按有利于指标的要求选取最好的水平,而对于不重要因素则可根据节约、方便等多方面的考虑任取一个水平。因此,50%乙醇溶液超声波提取紫叶矮樱落叶染料的最佳工艺条件为:料液比为 1∶50,时间为 90min,pH 为 6,温度为 60℃。

表 3-13　正交试验结果

序号	料液比	时间/min	pH	温度/℃	ΔE^* 值
1	1∶30	30	4	50	30.43
2	1∶30	60	5	60	33.36
3	1∶30	90	6	70	33.79
4	1∶40	30	6	60	33.28

续表

序号	料液比	时间/min	pH	温度/℃	ΔE^*值
5	1 : 40	60	4	70	33.19
6	1 : 40	90	5	50	33.15
7	1 : 50	30	5	70	33.66
8	1 : 50	60	6	50	33.54
9	1 : 50	90	4	60	34.53
K_1	32.53	32.46	32.72	32.37	
K_2	32.21	33.36	33.39	33.72	
K_3	33.91	33.82	33.54	33.55	
R	1.70	1.36	0.82	1.35	

3. 结论

综合上述试验结果，超声波提取紫叶矮樱落叶染料的优化工艺为：超声波功率400W，料液比（g/mL）为1 : 50，时间为90min，pH为6，温度为60℃。超声波法提取紫叶矮樱落叶染料几分钟就可达到几小时的处理效果，还可以减少有机溶剂的使用量，降低劳动量和生产成本，是一种较好的提取天然染料的方法。

四、酶萃取法

酶萃取法是近几年来用于天然植物有效成分提取的一项生物技术。选择合适的酶（果胶酶、复合酶、纤维素和半纤维素酶），能使植物组织温和快速地进行分解，加速有效成分的释放。温度、pH是影响酶作用的主要因素。与传统水浸法相比，酶法提取率更高，染料萃取率可提高21%~23%，具有有效成分理化性质稳定、高效、节能减排等特点。纤维素酶只是单纯作用于纤维素，加快植物内部色素的萃取速度，发挥生物酶增大细胞内有效成分向提取介质扩散的专一催化作用，在提取过程中不会破坏色素。如，利用纤维素酶和木聚糖酶的复合酶法可以达到较高的紫草色素的提取率;应用酶促反应可改变天然栀子黄色素中的栀子苷的结构,生产出栀子红、蓝色素;应用酶法提取花色苷比单纯用溶剂法其提取率可高出72%;用蛋白酶提取胭脂虫中天然色素胭脂虫酸与常规溶剂(水)提取法对比,前者具有温度低、萃取时间短、提取效果好等特点。酶萃取法应用于天然染料的研究非常多,本书收录的染料采用酶萃取法的最佳工艺条件见附录一。

本书以酶法萃取紫背天葵天然染料的工艺研究为例,来阐述酶在天然染料萃取中的作用。

紫背天葵叶茎中含有多种营养成分,具有多种生理和药理活性的黄酮类化合物儿茶素、有机醇及有机酸酯类有效成分,还含有丰富的红色素,多用于食品、化妆品、制药业,也有作为天然染料用于食品包装纸的染色研究,到目前并无用于纺织品染色的文献报道。为了更好地开发紫背天葵资源,充分利用其有效成分,本文利用酶萃取法对紫背天葵红色素提取工艺进行研究,旨在为紫背天葵染料的开发提供参考依据。

1. 试验设计

(1)材料、药品和仪器。

①材料及药品。紫背天葵(采于辽东学院内),柠檬酸,柠檬酸钠,以上试剂均为分析纯。纤维素酶(肇东酶制剂厂8000U/g)。

②仪器。HHS电热恒温水浴锅,DFC-6053型真空干燥箱(上海一恒科技有限公司),UV-1200紫外可见光分光光度计(上海精密科学仪器有限公司),PHS-3C型pH计(上海伟业仪器厂);ALC-110电子天平(上海天平仪器厂)。

(2)试验方法。

①紫背天葵天然染料提取工艺。紫背天葵天然染料提取工艺流程:

新鲜干燥的紫背天葵→粉碎→缓冲溶液→纤维素酶→酶解→抽滤

②紫背天葵天然染料最大吸光峰确定。把2g粉碎的紫背天葵粉末、磷酸缓冲液40mL,放入50℃的恒温水溶锅中,浸提60min过滤取上清液,测定最大吸收峰。

③纤维素酶提取法最佳工艺参数确定。在缓冲溶液固液比、酶用量、酶解时间一定条件下，在30℃、40℃、50℃、60℃、70℃下浸提色素，考察不同提取温度对提取效果的影响。在缓冲溶液温度、酶用量、酶解时间一定条件下，以固液比为1∶10、1∶20、1∶30、1∶40、1∶50浸提色素，考察固液比对提取效果的影响。在缓冲溶液温度、酶用量、酶解固液比一定条件下，以30min、60min、90min、120min、180min、240min浸提色素，考察酶解时间对提取效果的影响。在缓冲溶液温度、酶解时间、酶解固液比一定条件下，以酶用量1%～5%，考察酶用量对提取效果的影响。

2. 结果与讨论

（1）紫背天葵色素最大吸收峰。取1mL提取液，加水稀释至50mL，在400～600nm测定溶液吸光度，如图3-3所示，紫背天葵色素溶液在520nm处有最大吸收波长，吸光度值为0.774。

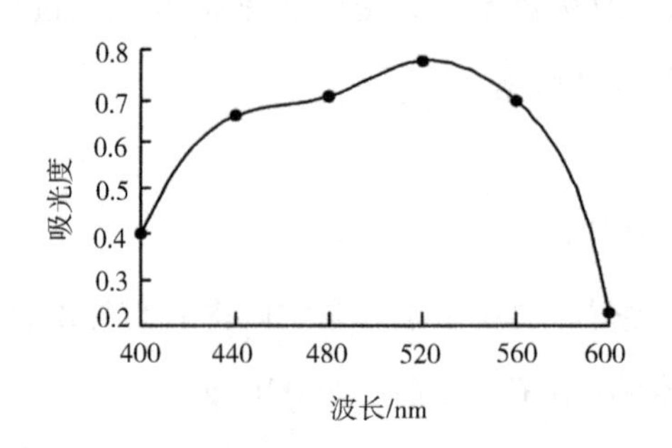

图3-3　紫背天葵色素最大吸收波长

（2）酶法提取紫背天葵色素试验结果。

①酶解时间的选择。不同提取温度对提取效果的影响如表3-14所示，色素吸光度随酶解时间的延长而增加，当时间增加到一定值后，吸光度则不再增加。酶解时间为120min时的吸光度为0.771，酶解时间是180min时的吸光度为0.779，继续增加时间对提取效果无太大影响，故较适宜的酶解时间为120min。

表 3-14　酶解时间对色素提取的影响

酶解时间/min	30	60	90	120	180	240
吸光度	0.534	0.619	0.703	0.771	0.779	0.779

②酶解温度的选择。不同酶解温度对提取效果的影响如表 3-15 所示，在一定温度范围内，随着温度的升高，紫背天葵色素的吸光度也随着升高，这是由于温度的升高使纤维素酶的活力增强，提高了酶解反应的速度，加快了纤维素的降解，使色素得以释放。50℃时的吸光度为 0.774，达到最大。温度高于 50℃后吸光度迅速降低，综合考虑，确定较适宜的提取温度为 50℃。

表 3-15　酶解温度对色素提取的影响

酶解温度/℃	30	40	50	60	70	80
吸光度	0.431	0.592	0.774	0.658	0.535	0.437

③固液比的选择。不同固液比对提取效果的影响如表 3-16 所示，固液比在 1∶(10~20)时色素吸光度值迅速上升，固液比为 1∶(20~50)时色素吸光度值呈下降趋势，因为在酶解过程中，随着固液比的增加，液体在紫背天葵色素细胞内扩散能力增强，有利于酶对紫背天葵纤维的降解，使得紫背天葵细胞迅速破坏，但随着固液比的增加，酶的浓度也随之减小，酶解反应速率也随之降低，因此较适宜的酶解固液比为 1∶20。

表 3-16　固液比对提取效果的影响

固液比	1∶10	1∶20	1∶30	1∶40	1∶50
吸光度值	0.594	0.773	0.685	0.519	0.372

④酶用量的选择。酶用量对提取效果的影响如表 3-17 所示，酶用量为 0.5%~2.0%时，吸光度为迅速增加；酶用量为 2.0%~3.0%时，吸光度变化较小；当酶用量超过为 4.0%时，色素增长趋于平缓。试验结果表明，当酶用量超过 2.0%时，酶解反应缓和，反应速率不再增加。因此，较适宜的酶用量

为2.0%。

表3-17 酶用量对提取效果的影响

酶用量/%	0.5	1.0	1.5	2.0	2.5	3.0
吸光度	0.518	0.624	0.719	0.774	0.775	0.775

3. 结论

经单因素试验,紫背天葵色素最佳提取工艺为:酶用量为2.0%,固液比1∶20,提取温度为50℃,酶解时间为120min。色素萃取效果好,对环境污染小。

五、超临界萃取法

超临界流体有极高的溶解性能,萃取速度快、选择性好,能深入提取材料的基质中。在低温、短时间内把萃取和分离合二为一,简化了流程,提高了效率,克服了萃取过程中化学不稳定色素易被破坏的缺陷和溶剂残留对染色效果产生影响的缺点,起到了无残留污染、环保节能的效果。萃取的染料颜色深、染色牢度高。此法特别适于萃取挥发性、热敏性或脂溶性色素,比传统的萃取方法效果更明显,适合用于加工过程受光、热、湿影响而成分易破坏的天然染料。尽管超临界流体萃取天然色素具有很多的优点,但目前我国在这一领域还未得到广泛的工业化应用。超临界流体萃取天然色素工艺的研究是今后发展的一个重点,主要原因是超临界设备一次性投资较大,而且萃取天然色素的工艺尚不成熟。特别是随着人们对功能性天然色素的认识和重视,相信超临界流体萃取将取代传统的溶剂法提取天然色素,生产出高纯度、高品质的色素产品,以满足使用和出口的需要。本书收录的染料采用超临界萃取法的最佳工艺条件见附录一。

六、离子沉淀法

离子沉淀法是利用天然染料可以与Al^{3+}、Fe^{2+}、Zn^{2+}、Mg^{2+}、Ca^{2+}等离子产生络合沉淀,从而与其他成分分离,然后经酸溶,再用有机溶剂萃取。其中,复合沉淀剂的使用较受欢迎。此法提取率高、工艺简单、生产成本低,如用离子沉淀法从茶中提取茶多酚，通过浸提→盐析→沉淀→酸溶→萃取→洗涤→蒸发浓缩得产品。即先用热水将一定量的茶叶浸提，加入氯化钠过滤，滤液中分别加入（1∶2混合的$AlCl_3$和$ZnCl_2$）复合沉淀剂形成络合物沉淀，再将沉淀投入pH为2.5~4.5的盐酸水溶液中溶解，在溶液中加入茶叶重量2%~5%的亚硫酸钠后茶多酚再次游离出来，用乙酸乙酯萃取，洗涤得产品。

七、树脂吸附法

树脂吸附法是近20年发展起来的一类新型非离子有机高分子聚合物吸附提取工艺，具有吸附性强、物理化学稳定性高、溶剂用量少、反复使用对环境污染小等优点，越来越多地应用于染料色素的提取。吸附树脂品种很多，是以吸附为特点，具有多孔立体结构的树脂吸附剂可以达到极高的分离净化水平。如采用不同的树脂（709大孔弱碱性树脂、HPD-80和HPD-100大孔吸附树脂、ADS-5吸附树脂等）对天然槐米染料进行了吸附和解吸，精制后的槐米色素染色羊毛的光泽度明显改善。

八、冷冻干燥法

冷冻干燥法是将含水物料预先冻结，然后使之在真空状态下升华的一种方法。能保持原有的生物、化学特性，提取的固态染料粉末易于称重，利于长期保存，减少浪费，能使后续染色工艺更加规范化、简便化，提高染色重现性。如冷冻干燥法提取黄柏染料（蒸馏水为提取剂，浓度10g/L，温度70℃，提取40min，提取2次，萃取液在-40℃预冻180min，预冻好的物料于真空度为20Pa、冷阱温度为-45℃条件下冻干20h，再烘干即得黄柏染料），无有机溶剂残留，染料纯度和提取率非常高，有利于工业化生产。

九、膜分离技术

在天然染料生产过程中，传统的染料提取工艺采用的是直接蒸发浓缩或者通过盐析、酸析分离染料有效成分。粗制染料的质量分数一般在5%~15%，含盐质量分数有时高达40%(含有未反应的原辅料、中间体、副产物),影响了染料稳定性,降低了染料的着色强度和色牢度。膜分离技术是利用特殊的具有选择性能的薄膜,在外力作用下对混合物进行分离、提纯、浓缩,是天然染料在绿色生产中对粗制染料进行浓缩、提纯的有效途径,达到了纯化染料、降低染料流失率,提高染料质量的目的。操作简单,生产成本低廉,去除副染料及小分子杂质,可回收酸、碱等浸提剂,解决了染料生产过程中的废水问题,有明显的经济效益和环境效益。根据分离对象分为微滤、超滤、纳滤、反渗透。超滤用于发酵生产色素的澄清,纳滤用于色素常温下的浓缩、除水。如孔径为0.2μm的PVDF中空纤维微滤膜对儿茶染液进行精制,降低了儿茶染液的浑浊度,提高了儿茶的纯度及其染色性能,染色织物颜色鲜艳、色泽均匀;超滤膜(Prep/scale超滤系统)分离精制胭脂虫酸,胭脂虫酸含量可达54%。膜分离技术取代传统的天然染料浓缩提纯工艺是未来的发展趋势,将会在染料行业得到更成功的工业化应用。

第二节　天然染料的染色新方法

天然植物染料的传统染色方法包括直接染色法、还原染色法、媒染法、阳离子改性染色法等。古人根据不同的染料特性而创造的染色工艺有直接染、媒染、还原染、防染、套色染等。蛋白质纤维和纤维素纤维染色主要有无媒染色法、先染后媒法及先媒后染法,对合成纤维主要有常压染色和高温高压染色法;染料品种和工艺方法的多样性使古代印染行业的色谱十分丰富,古籍中见于记载的就有几百种,需要熟练地掌握各种染料的组合、配方及工艺条件才能从一种色调中明确地分出几十种近似色。不同的染色工艺,即使是同一种植物,也可能产生许多不同的染色效果。

一、天然染料的染色机理

掌握天然染料的染色机理可以对其上染过程进行控制,预测染色效果,确定和优化染色工艺。天然染料的染色机理没有统一定论。天然染料的来源及染色织物的不同使其染色机理有很大差异。由于天然染料品种繁多,结构复杂,目前对各类纤维的染色热力学和动力学方面的研究还很不充分。国内外专家学者研究表明,大多数天然染料对纤维染色没有直接性或直接性很小。还原性染料是通过染料分子聚集吸附在纤维表面,因而耐摩擦色牢度较低;蒽醌类天然染料对锦纶、涤纶等合成纤维染色与合成染料对合成纤维染色机理大相径庭,吸附等温线属于朗格缪尔(Langmuir)型,染色为吸热过程,温度升高,上染率增加;天然染料具有络合配位结构基团,如—OH、—COOH、>C=O 等能够与多价金属离子形成外轨(内轨)型络合物,媒染时染料先上染蛋白质纤维再与媒染剂发生络合,同时吸附在蛋白质纤维表面上的染料分子立即与金属离子形成一种不溶性络合物而固定在纤维上,提高了固着率,染色牢度明显提高。

举一些实例:胭脂红酸等亲水型天然染料,水溶性好,具有阳离子性的化学结构,可以上染蚕丝。姜黄和大黄天然植物染料进行染色,其与改性纤维素纤维的结合主要为离子键结合,上染符合朗格缪尔吸附等温线。紫草、胡桃等天然染料进行染色时,其吸附机理符合分散染料染聚酯时的能斯特(Nernst)吸附。胭脂树染色时,因其色素为线型离子型分子,不止出现一种机理,但 Langmuir 机理占优势。五倍子色素的染色机理为,其与不同的金属离子之间形成的络合物不同,导致织物上显示的颜色特征值也不同,色素与真丝纤维的吸附等温线属于 F 型,经五倍子色素染色后的真丝织物,静态和动态悬垂性增加,强力略有增加,透气性略有下降。茜草上染羊毛、丝绸、涤纶、锦纶,四种纤维对茜草的吸附属于 Nernst 吸附,具有分散染料特性。小檗碱上染丙烯腈纤维,带正电荷的染料可以和带负电荷的纤维形成离子键,使染料吸附在纤维上,其染色机理符合 Langmuir 吸附等温线。莽草宁、苏仿等媒染型天然染料对纤维的直接上染性很低,通过媒染剂与染料分子形成络合物上染,但媒染前后色调有些变化。分子结构为萘醌的天然染料如大黄、胡桃醌、紫草素染色聚酯纤维和尼龙纤维,染色吸附等温线符合 Nernst 吸附。紫檀对羊毛和锦纶染色符合 Nernst 吸附等温线,紫檀对锦纶有更强的亲和力。

二、天然染料传统染色方法

(一)直接染色法

部分植物染料的天然色素对水的溶解度好,染液能直接吸附到纤维上,可以采用直接染色法。直接染色方法简单易行,减少了金属离子的使用,但是染色牢度不够好,色浓度偏低。本书收录的一些常用染料采用直接染色法染色织物的最佳工艺条件见附录二。直接染色法工艺流程:

配制染液→染色→水洗、干燥→皂洗、水洗、干燥

本书以红蓼花染液对丝绸织物直接染色的工艺研究为例,来阐述直接染色法在天然染料染色织物中的应用。

红蓼花为蓼科植物红蓼的花序,其花穗大且繁密红艳,含有多种生理和药理活性的黄酮类化合物、槲皮苷、有机酸等,还含有丰富的红色素,多用于酿酒业和制药业,而在织物染色方面尚未有研究报道。为了更好地开发红蓼花资源,充分利用其有效成分,本研究从红蓼花中提取红色染液用于柞蚕丝织物的染色,通过考察染色效果,探讨其染色机理,优化了工艺参数,实现了红蓼花染料在丝绸织物方面的成功应用,为其开发提供参考依据。

1. 试验设计

(1)材料、药品与仪器。

①织物。丝绸织物(柞蚕丝)。

②药品。红蓼花(采自辽东学院农艺试验站)、冰醋酸(分析纯)、氢氧化钠(分析纯)、洗净剂209。

③仪器。OIRNETX测色配色仪(意大利OIRNETX有限公司);SOTZ-24振荡染色机(香港东成染色机械厂有限公司);DHG-9070A型恒温鼓风干燥箱(上海精宏实验设备有限公司);723型分光光度计(上海光谱仪器有限公司);ESZ-4精密电子分析天平(沈阳龙腾电子有限公司);HH-4单列四孔水浴锅(山东博科生物产业有限公司);pHS-25C酸度计(上海理达仪器厂);LFY304

纺织品耐摩擦色牢度试验仪（山东纺织科学研究院）；SW-12 耐洗色牢度试验机（无锡市三环仪器有限公司）。

（2）红蓼花染液的提取。选取新鲜捣碎的红蓼花 20g，加入 400mL 蒸馏水，于 60℃浸提 2h，分离出提取液，再在滤渣中加入 200mL 蒸馏水，于 60℃浸提 1h，过滤，合并 2 次提取液定容至 600mL，作为染液使用，浓度设为 *A*g/L。

（3）直接染色工艺。以红蓼花提取液作为染液，调节染色温度为 40～90℃，保温时间为 30～90min，pH 为 3～7，浴比为 1∶30，染色后水洗，晾干。

（4）染色性能测试。

颜色特征值：测试染色后织物 *K/S*，D65 光源，10°视角。

染色牢度：耐摩擦色牢度按照 GB/T 3920—2008《纺织品　色牢度试验　耐摩擦色牢度》；耐皂洗色牢度按照 GB/T 3921—2008《纺织品　色牢度试验　耐皂洗色牢度》。

2. 结果与讨论

（1）直接染色正交试验。将染色浓度、染色时间、染色温度、pH 设计正交试验表，正交试验极差结果如表 3-18 所示，染色浓度对织物表观色深影响最大，pH 次之，染色温度和染色时间影响较小。染液浓度为 0.60*A* 和 0.75*A* 时 *K/S* 值较大；染色温度为 60℃时 *K/S* 值最大；pH=4.5 和 pH=5.5 时 *K/S* 值较大；染色时间为 30min 时 *K/S* 值最大，60min 与 90min 时 *K/S* 值接近。为了得到优化的直接染色工艺参数，需对各因素进行单因素优化试验。

表 3-18　红蓼花染液直接染色正交试验结果

序号	染液浓度/（$g \cdot L^{-1}$）	染色温度/℃	染色时间/min	pH	*K/S* 值
1	0.30*A*	40	60	3.5	2.24
2	0.60*A*	40	75	4.5	2.35
3	0.90*A*	40	90	5.5	2.36
4	0.60*A*	60	90	5.5	2.44
5	0.90*A*	60	60	4.5	2.79

续表

序号	染液浓度/(g·L⁻¹)	染色温度/℃	染色时间/min	pH	*K/S* 值
6	0. 30*A*	60	75	3. 5	2. 19
7	0. 90*A*	80	75	4. 5	2. 39
8	0. 30*A*	80	90	5. 5	2. 28
9	0. 60*A*	80	60	3. 5	2. 33
K_1	2. 24	2. 32	2. 45	2. 25	
K_2	2. 37	2. 47	2. 31	2. 51	
K_3	2. 51	2. 33	2. 36	2. 36	
R	0. 27	0. 15	0. 14	0. 26	

(2)直接染色工艺单因素优化试验。

①染液浓度。称取 6 份 2. 00g 丝绸织物，在浴比 1 ∶ 40，温度 60℃，时间 60min，染液 pH 为 4. 5 条件下分别用 0. 15*A*，0. 30*A*，0. 45*A*，0. 60*A*，0. 75*A*，0. 90*A* 的红蓼花染液染色，测定 *K/S* 值。结果如图 3-4 所示，染色织物的 *K/S* 值随红蓼花染液用量的增加而增大。当染液浓度增加到 0. 60*A* 后，*K/S* 值达到最大，随后上升幅度很小。这说明当染液浓度达到一定值后，红蓼花染液上染逐渐接近饱和，继续增大红蓼花染液浓度，对柞蚕丝绸织物的表观色深 *K/S* 值影响不大。故选择染液质量浓度 0. 60*A* 较好。

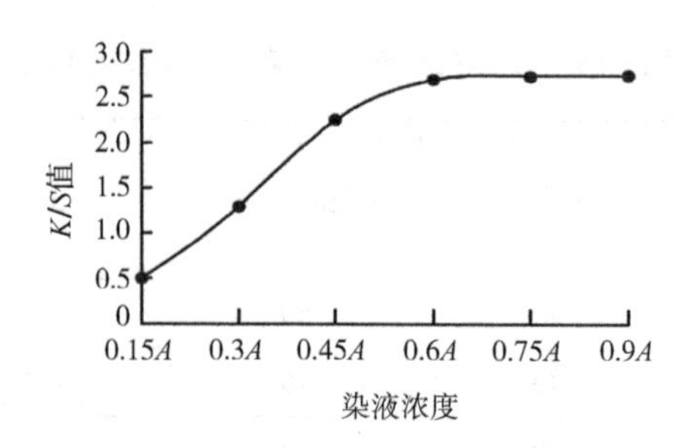

图 3-4　染液浓度对 *K/S* 值的影响

②染色温度。称取 6 份 2. 00g 丝绸织物，浴比 1 ∶ 40，红蓼花染液浓度 0. 60*A*，

时间 60min,pH 为 4.5,于 40℃、50℃、60℃、70℃、80℃、90℃下对其染色,测定 *K/S* 值。结果如图 3-5 所示,当温度低于 50℃时 *K/S* 值随温度的升高增幅趋势较大,在 50~70℃*K/S* 变化较小,80℃后呈下降趋势。这是因为随着温度的升高染料分子的动能增加,吸附扩散速率也增大,提高了上染率。染料耐高温性较差,温度过高会分解变质,染色温度太高,也会造成柞蚕丝织物的损伤。试验结果表明,温度选择 50~70℃有利于染料上染。

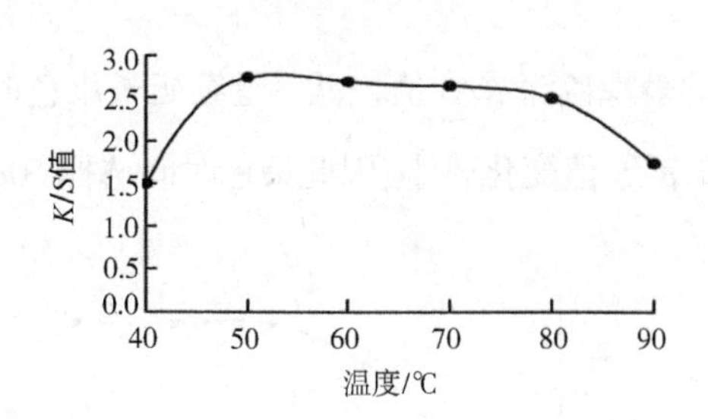

图 3-5 染色温度对 *K/S* 值的影响

③染液 pH。称取 6 份 2.00g 丝绸织物,浴比 1∶40,红蓼花染液浓度 0.60*A*,时间 60min,染液温度 60℃,于 pH 为 2.5、3.5、4.5、5.5、6.5、7.5 条件下染色,测定 *K/S* 值。结果如图 3-6 所示,随着染液 pH 的增大,*K/S* 值提高幅度较大,当 pH 为 4.5 时,织物得色最深,之后随着 pH 增大,*K/S* 值呈下降趋势。这是因为染液 pH 不同,纤维上氨基、羧基的离解程度不同,使纤维所带电荷的性质和数量不同,导致染料对纤维的上染速率不同。pH 过小不易匀染,红蓼花染液也会因其组分的溶解度下降而出现混浊现象,对柞蚕丝织物也会造成损伤,致使 *K/S* 值较小;pH>4.5,纤维表面所带负电荷增加,染料离子斥力增加也会使 *K/S* 值变小。因此染液 pH 选择 4.5 比较合适。

④染色时间。称取 6 份 2.00g 丝绸织物,在浴比 1∶40,温度 60℃,红蓼花染液浓度 0.60*A*,染液 pH 为 4.5,时间为 15min、30min、45min、60min、75min、90min 条件下染色,测定 *K/S* 值,结果如图 3-7 所示,随着染色时间的延长,染色丝绸织物的 *K/S* 值逐渐升高,到 60min 时达到最高,然后趋于平缓。这是由于染色时间的延长可以提高匀染效果,在染色初始阶段,染料的上染通常以吸附为主,

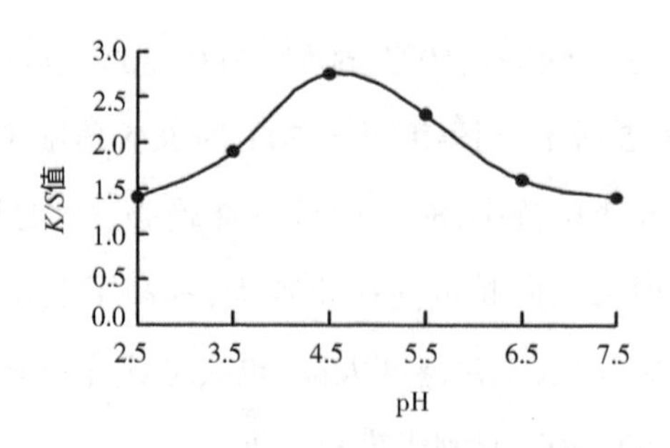

图 3-6 pH 对 *K/S* 值的影响

扩散不多,因此织物的表观色深 *K/S* 值较低。继续延长染色时间,*K/S* 值升高,随后上染逐渐接近饱和,*K/S* 值变化较小,因此染色时间选择 60min 比较合适。

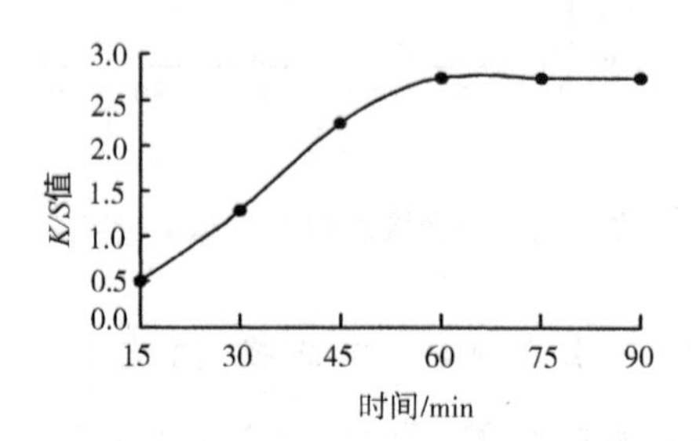

图 3-7 染色时间对 *K/S* 值的影响

3. 结论

综合正交试验和单因素试验结果,红蓼花天然染料直接染色柞蚕丝织物的优化工艺为:染液浓度 0. 60*A*,染色温度 60℃,染色时间 60min,染液 pH 为 4. 5。

(二)媒染法

一般情况下天然染料对纤维的上染率不高,虽然对蛋白质纤维的亲和力大于对纤维素纤维,但比合成染料仍低得多。除对纤维的亲和力较低外,天然染料的摩尔吸光系数也比较小。因此,为了提高染色牢度,并表现出多种色相,一般采用媒染法进行染色。媒染是利用载体对纤维没有亲和力的某些染料色素,通过络合作用将染料上染到纤维上。针对不同种类的织物和不同的媒染剂,媒染的方法也不同。在一般情况下,采用先媒后染法,染物的上染率较高,但匀染性较差;采用先染后媒法,染物颜色相对较均匀,但也易造成染色后色纯度偏浅。对蛋白质纤维和纤维素纤维而言，染色方法主要有无媒染色法、先染后媒法以及先媒后染法。对合成纤维而言，主要分为常压染色和高温高压染色。媒染染料主要包括茜草、单宁、类黄酮体系植物染料。有些染料适合染前媒染，有些染料适合染后媒染，必须经过试验比对后才能依需要选择。天然色素对水基本不溶解，但其配糖体能溶解于水，并与纤维吸附，应采用后媒染使之固着；植物染料的天然色素对水的溶解度小，但色素具有络合配位基团，要借助先媒染，使纤维上吸附的金属离子因络合键而固着；采用不同媒染剂分别先后处理织物，可获得比先媒染法或后媒染法均好的染色效果。如原皮香、橡椀（橡树果壳）、木麻黄、杨梅、冷杉等单宁植物染料与不同氧化剂、铁盐反应，颜色向棕黑、蓝绿变化，且 pH 越高，颜色越深。

1. 先染后媒法

先染后媒法指先用染液直接染制织物，再用媒染剂媒染发色。可采用先染后媒法染色织物的染料较多，本书收录的染料采用先染后媒法染色织物的最佳工艺条件见附录二。先染色后媒染工艺：

制备染液→染色→水洗、皂洗→媒染→水洗、皂洗

本书以沙棘果废渣天然染料对羊毛织物媒染染色性能的研究为例，来阐述后媒染法在天然染料染色织物中的应用。

沙棘是胡颓子科沙棘属的灌木或乔木，其果实粒小、色橙黄，富含类胡萝卜素、黄酮类化合物、花青素等对人体有保障作用的营养成分，不仅可作水果食用且还有着神奇的药用价值，可治疗和缓解人类的某些疾病，如预防血栓、抗氧化、抗溃疡等，还可以作饮料、化妆品和食品添加剂。如何更好地开发利用沙棘果资源已成为沙棘果产业发展的重要研究课题，目前尚无沙棘果天然染料应用于纺织品染色的研究报道。本书主要对沙棘果废渣中天然染料对羊毛的染色性能进行研究，不仅可以开发和利用其资源，还符合当今绿色染整的趋势。

（1）试验设计。

①材料、药品及仪器。

织物：100%羊毛粗纺织物。

药品：沙棘果（采于辽东学院农学院小浆果研究所）、乙醇、硫酸铜、硫酸铝

钾、硫酸亚铁、氯化亚锡、重铬酸钾、氯化钠、盐酸、烧碱,均为分析纯,中性皂片为市购商品。

仪器:Datacolor 600 型测色仪(美国 Datacolor 公司);电热恒温水浴锅(上海医疗器械五厂);PHS-3C 型 pH 计(上海伟业仪器厂);电子天平 JA2003N(上海菁海仪器有限公司);702-3 型电热鼓风箱(大连实验设备厂);SW-12B 型耐洗色牢度试验机、YG811 型日晒色牢度仪(南通三思机电有限公司);纺织品耐摩擦色牢度仪(无锡纺织仪器厂)。

②沙棘果废渣染液的提取。称取 100g 新鲜沙棘果榨汁后的果皮和肉絮废渣,以乙醇为提取剂在不同条件下重复提取 2 次,所得提取液合并后定容至 500mL,该滤液视为原液,浓度为 Ag/mL。

③媒染染色。以不同媒染剂对织物进行预媒法、同媒法及后媒法染色,确定最佳媒染剂和媒染方法。

预媒染色:媒染→染色→水洗、烘干

同媒染色:直接将润湿的织物投入含有媒染剂和沙棘果废渣染液中(提取液浓度为 A),按优化的直接染色工艺染色、水洗、烘干。

后媒染色:染色→媒染→水洗、烘干

④性能测试。

染色羊毛织物特征值测试:使用 Datacolor 600 型测色仪测试染后织物 K/S 值及 L^*、a^*、b^*、c^*、h^* 值。

耐日晒色牢度:按照 GB/T 8426—1998《纺织品　色牢度试验　耐光色牢度:日光》测试。

耐洗色牢度:按照 GB/T 3921—2008《纺织品　色牢度试验　耐洗色牢度》测试。

(2)结果与讨论。

①媒染剂及染色方法对颜色特征值的影响。选用硫酸亚铁、硫酸铝钾、硫酸铜、重铬酸钾、氯化锡作为媒染剂,对羊毛织物进行预媒染、同浴媒染及后媒染工艺染色,测试染色织物 K/S 值,结果如表 3-19 所示。采用媒染工艺所染得

的羊毛织物表面色深度要显著高于无媒染色工艺。三种媒染工艺中染色深度排序:后媒染色>预媒染色>同浴媒染色,这是因为预媒染法染色浓度高,但工艺易造成产品染花、耐摩擦色牢度差等问题;同浴媒染法沙棘果废渣染料易与媒染剂生成不溶物,影响染料上染织物;后媒染色均匀性好,更有利于较高浓度的沙棘果废渣染料吸附在织物上,大大提高染料的固着率,所以染色后的织物的 K/S 值很高。媒染剂有效增加了织物的染色深度,这主要是由于金属离子与沙棘果废渣络合机理不同,它们与染料色素形成络合物而固着在纤维上,加强了染料与纤维的结合。采用不同的媒染剂染色织物的色相差异较大,硫酸铁媒染织物为褐色,同媒、后媒染织物为赤褐色;氯化亚锡预媒染织物为粉红色(泛红光),同媒染织物为淡粉色,后媒染织物为粉红色(红光偏重);重铬酸钾预媒染织物为棕黄色,同媒和后媒染织物为土黄色,后媒染织物红光偏重;硫酸铜预媒染织物为绿色,同媒染织物为黄绿色,后媒染织物为深绿色;硫酸铝钾媒染织物为橙红色(红光偏重),其中后媒染织物颜色最重。不同媒染剂及媒染方法染色织物的明度 L^* 都低于无媒染,其他色度指标差异较大,硫酸铝钾和硫酸铜媒染织物 K/S 值较大。沙棘果废渣染液对羊毛染色,硫酸铝钾为媒染剂后媒染中 K/S 值提高幅度最大,更适合选择作为沙棘果废渣染液对羊毛染色的媒染剂。

表 3-19 不同媒染剂及媒染方法对染色丝绸物色度指标的影响

媒染剂	媒染方法	L^*	a^*	b^*	c^*	h^*	K/S 值
直接染色	无媒染	66.21	4.40	20.41	20.82	78.09	2.68
硫酸铝钾	预媒染	54.87	10.46	17.04	17.23	75.24	5.47
	同媒染	55.02	10.13	15.5	15.79	76.34	4.93
	后媒染	51.64	17.95	17.83	21.48	74.98	7.38
硫酸通	预媒染	54.91	2.76	18.71	18.93	81.72	5.05
	同媒染	54.53	1.48	15.79	15.86	84.95	4.75
	后媒染	52.19	3.01	17.92	18.23	80.76	5.49
硫酸亚铁	预媒染	60.23	5.23	17.34	18.15	73.07	3.29
	同媒染	62.14	5.84	17.51	18.46	72.45	3.05
	后媒染	62.17	7.01	17.15	21.03	75.10	3.64

续表

媒染剂	媒染方法	L^*	a^*	b^*	c^*	h^*	K/S 值
氯化亚锡	预媒染	65.25	8.06	22.10	23.54	74.86	3.94
	同媒染	62.32	11.51	21.76	21.98	73.57	3.71
	后媒染	64.61	12.84	23.72	26.99	78.71	4.35
重铬酸钾	预媒染	62.63	5.36	21.15	21.79	75.72	3.51
	同媒染	64.98	4.69	21.52	21.53	77.29	3.08
	后媒染	61.04	5.41	20.83	21.49	76.12	3.87

②铝盐后媒染正交试验。选择染色时间、染色温度、媒染剂用量、沙棘果废渣染液浓度4个因素进行正交试验，每个因素选择3个水平，试验结果如表3-20所示，4个因素对染色柞蚕丝织物 *K/S* 值影响的顺序为：媒染剂用量>染液质量浓度>染色时间>染色温度。为了进一步了解媒染剂对染色的影响，进行媒染剂的用量对 *K/S* 影响的单因素试验，结果如表3-21所示，当媒染剂用量为5g/L时，*K/S* 值达到最高，继续增加媒染剂用量，*K/S* 值下降。随着媒染剂用量的增大，明度 L^* 逐渐下降，红光 a^* 值先增大后减小，黄光 b^* 值也差异较大。这是因为随着媒染剂用量的增加，上染到织物上的染料量也增多，*K/S* 值逐渐增加，织物的颜色不断加深。当媒染剂质量浓度超过一定值后，铝盐更容易与染料分子络合，削弱了染料与纤维的亲和力，使织物表面的染料量减少，从而降低了媒染效果，造成 *K/S* 值下降。因此染色时选择媒染剂用量为5g/L。

综合分析得出铝盐后媒染的最佳工艺为：媒染剂用量5g/L，染液质量浓度0.5*A*，染色温度50℃，染色时间45min。

表3-20 铝盐后媒染正交试验

序号	媒染剂用量/($g \cdot L^{-1}$)	温度/℃	染液质量浓度	时间/min	K/S 值
1	2.5	50	0.5*A*	30	6.315
2	5.0	50	0.6*A*	45	7.238
3	7.5	50	0.7*A*	60	7.994

续表

序号	媒染剂用量/($g \cdot L^{-1}$)	温度/℃	染液质量浓度	时间/min	K/S 值
4	7.5	60	0.6A	60	5.948
5	2.5	60	0.7A	30	6.537
6	5.0	60	0.5A	45	6.957
7	5.0	70	0.7A	45	5.589
8	7.5	70	0.5A	60	5.786
9	2.5	70	0.6A	30	6.091
K_1	6.493	6.728	7.014	6.316	
K_2	7.221	6.356	6.518	6.602	
K_3	5.875	6.439	5.976	6.089	
R	1.395	0.307	1.108	0.382	

表 3-21　硫酸铝钾用量对染色效果的影响

硫酸铝钾/($g \cdot L^{-1}$)	L^*	a^*	b^*	K/S 值
1.0	60.38	10.57	18.04	3.19
2.5	54.82	16.39	18.17	4.51
5.0	51.64	17.95	18.83	7.38
7.5	49.72	14.19	17.43	6.21
9.0	48.16	9.10	15.05	5.392

③色牢度测试。从耐干摩擦色牢度、耐湿摩擦色牢度、耐皂洗色牢度等方面综合评价沙棘果废渣染料染色后的色牢度,试验结果如表 3-22 所示,与无媒染色相比,铝盐后媒染对染色织物的各项色牢度起到了明显改善作用,这是由于金属媒染剂与沙棘果废渣染液、纤维形成络合物,封闭了染料的水溶性基团,在天然类染料中,已经达到了较好的效果。

表 3-22 染色织物色牢度

媒染剂	染色方法	色牢度/级			
		耐皂洗色牢度		耐摩擦色牢度	
		褪色	沾色	干摩	湿摩
无	直接染色	2~3	3	3	3
硫酸铝钾	后媒染	3	4	3~4	3~4

(3)结论。

①媒染工艺使沙棘果废渣染色织物的 K/S 值显著提高,其中以硫酸铝钾后媒法染色得色率最高。其最佳工艺条件为:媒染剂用量 5g/L,染色温度 50℃,染液质量浓度 0.5A,染色时间为 45min。

②沙棘果废渣染液对羊毛织物可以直接染色,染色牢度一般。铝盐后媒法染色织物的耐皂洗及耐摩擦色牢度均可达 3~4 级,且匀染性能良好,达到加工和服用要求。

③用天然染料染色羊毛织物更加符合绿色织物的标准。沙棘果废渣原料易得,成本低廉,有利于染料提取液的加工,可获得较高的经济效益,具有一定的开发价值。

2. 先媒后染法

先媒后染染色(预媒染)指织物先在媒染液中浸泡,再将媒染过的织物放入染液中染色。可采用先媒后染法染色织物的染料很多,其中一些染料采用先媒后染法染色织物获得了理想色相,如表 3-23 所示。本书收录的一些染料采用先媒后染法染色织物的最佳工艺条件见附录二。先媒染后染色工艺:

媒染→染色→水洗→皂洗→干燥

本书以栀子染料对棉织物预媒染色工艺的研究为例,来阐述预媒染法在天然染料染色织物中的应用。

表 3-23　不同染料预媒染染色结果

染料	媒染剂					各种媒染法间的比较
	硫酸亚铁	硫酸铝钾	硫酸铜	硫酸铁	氯化亚锡	
红花	深橘黄	橘黄色	深橘黄	深橘黄	橘黄色	颜色变化比较明显
苏木	咖啡色	赭石色	咖啡棕	咖啡色	肉桂色	硫酸铁染色比硫酸亚铁深
姜黄	中黄	淡黄色	黄绿色	淡黄褐	橙黄色	颜色变化明显
茜草	赤褐色	赤褐色	褐色	褐色	橘红色	颜色变化明显
栀子黄	淡黄色	淡黄色	黄绿色	大豆色	淡黄色	颜色变化明显
栀子蓝	蓝灰	蓝灰	蓝灰	蓝灰	蓝灰	颜色变化明显
石榴皮	灰绿色	稻草黄	亚麻黄	灰绿色	黄棕色	颜色变化明显
高粱红	红	红	红	红	红	色相相同,明度和纯度稍有差异
槟榔	灰紫色	肉桂棕	棕灰色	浅棕色	肉桂棕	颜色变化明显
大黄	茶褐色	黄褐色	黄褐色	茶褐色	橙黄色	颜色变化比较明显
紫草	紫褐色	紫褐色	深灰色	紫褐色	紫褐色	颜色变化不大,仅有明度上的变化
黄柏	稻草黄	稻草黄	灰绿色	稻草黄	米黄色	颜色变化比较明显
艾蒿	灰绿色	米黄色	灰绿色	灰绿色	黄绿色	颜色变化比较明显
黄芩	灰黄色	土黄色	黄褐色	茶褐色	土黄色	颜色变化比较明显
荆芥	灰黄色	浅灰棕	浅灰黄	深灰色	稻草黄	颜色变化比较明显

栀子果实中含有萜类的藏红花素和黄酮类的栀子黄色素,可用直接法将织物染成黄色,微泛红光,是一种不多见的可直接染色的黄色染料。同时还是传统中药,具有护肝利胆、止血消肿等作用。栀子黄染料易溶于水和稀乙醇,不仅可染纤维,还可用于饮料及酒类配制、糕点等食物的染色。研究栀子黄染料的媒染性能,可为其染色织物提供参考依据。

(1)试验设计。

①材料、药品及仪器。

织物:100%纯棉织物。

药品:栀子黄色素(食品级)、乙醇、硫酸铜、硫酸铝钾、硫酸亚铁、碳酸钠、盐酸、醋酸,以上均为分析纯,中性皂片为市购商品。

仪器:ZFJ-200 型中草药粉碎机(南京科益机械设备有限公司);Datacolor 600 型测色仪(美国 Datacolor 公司);电热恒温水浴锅(上海医疗器械五厂);PHS-3C 型 pH 计(上海伟业仪器厂);电子天平 JA2003N(上海菁海仪器有限公司);702-3 型电热鼓风箱(大连实验设备厂);SW-12B 型耐洗色牢度试验机、YG811 型耐日晒色牢度仪(南通三思机电有限公司);纺织品耐摩擦色牢度仪(无锡纺织仪器厂)。

②媒染染色。媒染方法选择试验中,染料用量为 40%(owf),媒染剂明矾和硫酸亚铁用量为 5%(owf),pH=3,浴比 1∶25,染色时间 30min,染色温度 80℃,染后皂洗,40℃水洗。冷水洗,晾干;铝预媒染染色最佳工艺条件试验中,染料用量 10%~60%(owf),浴比 1∶25,染色时间 30min,染色温度 60~100℃,染液 pH=3~9,铝媒染剂用量 5%~7%(owf)。预媒染色流程:媒染→染色→水洗、烘干。同媒染色流程:直接将润湿的织物投入含有媒染剂和栀子染液中,按优化的直接染色工艺染色→水洗、烘干。后媒染色流程:染色→媒染→水洗、烘干。

③性能测试。染色棉织物特征值测试:使用 Datacolor 600 型测色仪测试染后织物 *K/S* 值及 L^*、a^*、b^*、c^* 值。耐日晒色牢度:按照 GB/T 8426—1998《纺织品　色牢度试验　耐光色牢度:日光》测试。耐洗色牢度:按照 GB/T 3921—2008《纺织品　色牢度试验　耐洗色牢度》测试。

(2)结果与讨论。

①染色工艺对染色性能的影响。

a. 媒染剂对染色性能的影响。采用不同媒染方法,恒温下对棉织物进行染色,染料用量 40%(owf),媒染剂明矾和硫酸亚铁用量 5%(owf),浴比 1∶25,染色时间 30min,染色温度 80℃,,pH=3。测定结果如表 3-24 和表 3-25 所示,不同的媒染剂和媒染方法得到的色度指标不同。采用媒染工艺所得的棉织物颜色特征值 L^*、b^*、c^* 要低于无媒染。媒染剂的加入使棉织物的耐摩擦色牢度有所提高,综合考虑应选铝预媒染。

表 3-24　不同媒染方法染色效果

媒染剂	染色方法	L^*	a^*	b^*	c^*	K/S 值
无	无媒染	79.34	13.81	60.49	62.31	3.1097
硫酸亚铁	预媒染	72.11	5.93	42.44	42.84	2.4281
	同媒染	64.22	5.61	42.22	42.57	4.0475
	后媒染	69.76	14.01	46.34	48.41	5.4823
硫酸铝钾	预媒染	78.81	12.31	58.63	59.89	2.9779
	同媒染	78.36	12.31	57.71	58.88	2.9426
	后媒染	73.28	6.81	45.24	45.73	1.2903

表 3-25　媒染剂对染色效果的影响

媒染剂	染色方法	耐皂洗色牢度/级			耐摩擦色牢度/级	
		褪色	棉沾	毛沾	干摩	湿摩
无	无媒法	3	3	3	2~3	2~3
硫酸亚铁	预媒染	3~4	3~4	3	3	3
	同媒染	3~4	3~4	3	3	3
	后媒染	3~4	3	3	3	3
硫酸铝钾	预媒染	3~4	3~4	3~4	3	3
	同媒染	3~4	3	3	3	3
	后媒染	3~4	3	3	3	3

b. pH 对染色性能的影响。采用铝预媒染方法，恒温下对棉织物进行染色。染料用量 40%（owf），媒染剂硫酸铝钾用量 5%（owf），浴比 1∶25，染色时间 30min，染色温度 80℃，pH=3~9。测定结果如表 3-26 所示，随着 pH 的增大染液颜色逐渐加深。织物的 K/S 值在 pH 为 5 时最大。这是因为栀子黄色素含有羧基，随 pH 的升高，染料溶解度增加，有利于染色的顺利进行，故上染到织物上的染料增加。当 pH 超过一定值后，色素阴离子受到带同种电荷的纤维素阴离子的排斥作用，上染率下降，故染色 pH 选择 5。

表 3-26　pH 对 *K/S* 值的影响

pH	3	4	5	6	7	8	9
K/S 值	2. 681	3. 256	3. 861	2. 901	2. 334	2. 018	1. 655
颜色	淡黄	淡黄	淡黄	淡黄	黄	黄	黄

c. 染色温度对染色性能的影响。栀子色素有较好的热稳定性,适于棉织物染色。采用铝预媒染色工艺,在其他染色条件相同的情况下,考察染色温度对染色织物 *K/S* 值的影响,结果如表 3-27 所示,染色织物的 *K/S* 值随着染色温度的升高而逐渐增大,当温度达到 70℃后逐渐下降。这是因为染色温度升高,染料分子的动能增加,吸附扩散速率增大,有利于染料的上染。但由于栀子黄色素分子质量较小,在一定的时间内只需较低的温度(70℃)便可达到染色平衡,超过这一温度,上染到织物上的染料反而减小。所以,染色温度选择 70℃。

表 3-27　染色温度对 *K/S* 值的影响

染色温度/℃	60	70	80	90	100
K/S 值	2. 152	3. 253	3. 208	2. 594	2. 195

d. 染料用量对染色性能的影响。采用铝预媒染,恒温法对棉织物进行染色,结果如表 3-28 所示,随着染料用量的增大,*K/S* 值呈增大的趋势,当染料用量达 40%(owf)以后,染色织物的 *K/S* 逐渐趋于平缓,这是因为染料用量达到一定值后,上染到织物上的染料量也趋于饱和。所以染料适合用量为 40%~50%(owf)。

表 3-28　染料用量对 *K/S* 值的影响

染料用量/%(owf)	10	20	30	40	50	60
K/S 值	0. 526	1. 014	1. 458	1. 531	1. 535	1. 535

②正交试验。选取染料用量、染色温度、pH、媒染剂用量四个因素,浴比 1∶25,恒温铝预媒染进行正交试验。试验方案及分析结果如表 3-29 所示,影响染色织物的 *K/S* 值的因素先后顺序为:染料用量>染色温度>pH>媒染剂用量。结合

单因素试验,优选工艺为:染料用量 50%(owf),染色温度 70℃,pH = 5,媒染剂用量 6%(owf),浴比 1∶25。

表 3-29　正交试验

序号	染色温度/℃	pH	媒染剂用量/%(owf)	染料用量/%(owf)	*K/S* 值
1	60	4	5	40	2.583
2	60	5	6	45	3.542
3	60	6	7	50	2.839
4	70	4	6	50	3.514
5	70	5	7	40	2.896
6	70	6	5.	45	3.049
7	80	4	7	45	2.385
8	80	5	5	50	3.210
9	80	6	6	40	2.361
K_1	2.988	2.830	2.950	2.610	
K_2	3.153	3.216	3.139	2.992	
K_3	2.652	2.750	2.710	3.188	
R	0.501	0.466	0.429	0.578	

③色牢度试验。在最佳工艺条件下测定染色织物的色牢度,结果如表 3-30 所示,检测样品的各项色牢度均达到 3 级及以上。

表 3-30　染色牢度

耐皂洗色牢度/级			耐摩擦色牢度/级	
变色	棉沾	毛沾	干摩	湿摩
4	3	3~4	3~4	3~4
3~4	3~4	3~4	3	3
4	3	3~4	3~4	3~4
4	3	3	3	4
4	4	3~4	4	4
3	3	3	3	3~4

(3)结论。

①铝预媒染适合栀子黄染色棉织物,染色织物的各项色牢度均达到3级及以上。

②栀子黄铝预媒染最佳工艺为:染料用量50%(owf),染色温度70℃,pH=6,媒染剂用量6%(owf),浴比1:25。

3. 同媒染或复染法

同媒染指媒处理和染色两个过程一浴一步完成。复染法是先用染液直接染制织物,然后用媒染液媒染发色,最后用染液再煮一次,甚至可以如此反复多次。本书收录的一些染料采用同媒法染色织物的最佳工艺条件见附录二。同浴媒染工艺:

制备含媒染剂染液→染色→水洗→皂洗→干燥

本书以天然染料黄连同媒染色羊毛织物工艺研究为例,来阐述同媒染法在染色织物中的应用。

黄连有清热燥湿、泻火解毒等多种功效,野生或栽培资源非常丰富。黄连中含有的主要色素成分是小檗碱,它是含阳离子型色素的天然染料,水溶性好,可用于染色丝绸和羊毛,得到较为鲜艳的黄色。黄连既具有染色性又具有抗菌性,在人们环保及保健意识不断提高的今天,开发其为绿色保健植物染料值得探索,故对黄连在羊毛织物上的染色性能进行研究。

(1)试验设计。

①材料、药品与仪器。

织物:羊毛织物。

药品:黄连(市售)、氯化钠、硫酸亚铁、硫酸铝钾、碳酸钠、冰醋酸、氢氧化钠(均为分析纯),中性皂片(市售商品)。

仪器:OIRNETX测色配色仪(意大利OIRNETX有限公司);SOTZ-24振荡染色机(香港东成染色机械厂有限公司);DHG-9070A型恒温鼓风干燥箱(上海精宏实验设备有限公司);ESZ-4精密电子分析天平(沈阳龙腾电子有限公

司)；HH-4 单列四孔水浴锅(山东博科生物产业有限公司)；pHS-25C 酸度计(上海理达仪器厂)；LFY304 纺织品耐摩擦色牢度试验仪(山东纺织科学研究院)；SW-12 耐洗色牢度试验机(无锡市三环仪器有限公司)。

②同媒染色工艺。采用同媒染，通过正交实验和单因素试验优选黄连染料对羊毛织物的染色最佳工艺。其中黄连染料质量浓度 75g/L，调节染色温度为 40~90℃，保温时间为 30~90min，pH 为 4~9，媒染剂用量在 4~10%(owf)，浴比为 1∶30，考察染色温度、染色时间、媒染剂用量和 pH 最佳参数。

③染色性能测试。

颜色特征值：测试染色后织物 *K/S*，D65 光源，10°视角。

染色牢度：耐摩擦色牢度按照 GB/T 3920—2008《纺织品　色牢度试验　耐摩擦色牢度》进行测试；

耐皂洗色牢度按照 GB/T 3921—2008《纺织品　色牢度试验　耐皂洗色牢度》进行测试。

(2)结果与讨论。

①黄连染色正试实验。选择染色时间、染色温度、铝媒染剂用量、pH 4 个因素进行正交试验，每个因素选择 3 个水平，浴比选为 1∶40，织物质量为 1g，染色前羊毛织物在沸水中煮 10min，便于染色。正交试验结果如表 3-31 所示，4 个因素对染色羊毛织物 *K/S* 值影响的顺序为 pH>染色时间>媒染剂用量>染色温度。为了得到优化的染色工艺参数，需对各因素进行单因素优化试验。

表 3-31　黄连染色正交试验结果

序号	温度/℃	媒染剂用量/%(owf)	pH	时间/min	*K/S* 值
1	60	4	3	30	4.53
2	70	6	6	30	5.84
3	80	8	9	30	6.42
4	80	4	6	60	7.18

续表

序号	温度/℃	媒染剂用量/%(owf)	pH	时间/min	K/S 值
5	60	6	9	60	6.84
6	70	8	3	60	4.76
7	70	4	9	90	7.02
8	80	6	6	90	4.15
9	60	8	3	90	6.73
K_1	6.03	6.24	5.34	5.60	
K_2	5.87	5.61	5.72	6.26	
K_3	5.92	5.97	6.76	5.97	
R	0.16	0.27	1.42	0.66	

②黄连染色单因素实验。

a. 黄连 pH 单因素分析。在铝媒染剂用量 4%(owf),染色温度 60℃,染色时间 60min 条件下考察 pH 对 *K/S* 值的影响,结果如表 3-32 所示,pH 越高染色织物的 *K/S* 值越大,偏碱性条件下 *K/S* 值远高于酸性条件下的 *K/S* 值,说明织物不适合在酸性条件下染色。测试结果显示,pH 为 8 织物的 *K/S* 值较大,随后变化较小。结合正交试验,染色 pH 选择 8。

表 3-32　pH 单因素试验结果

pH	4	5	6	7	8	9
K/S 值	4.512	5.134	5.896	6.013	7.356	7.353

b. 黄连染色时间单因素分析。在铝媒染剂用量 4%(owf),染色温度 60℃,pH=8 的条件下,考察染色时间对 *K/S* 值的影响,结果如表 3-33 所示,当染色时间在 40~60min 时 *K/S* 值呈增大趋势,染色时间在 60~90min 时 *K/S* 值趋于平缓。结合正交实验结果,染色时间选择 60min。

表 3-33　染色时间单因素试验结果

染色时间/min	40	50	60	70	80	90
K/S 值	5.573	6.491	7.381	7.384	7.385	7.387

c. 黄连染色温度单因素分析。在铝媒染剂用量 4%(owf),染色时间 60min,pH=8 条件下,考察染色温度对 *K/S* 值的影响,结果如表 3-34 所示,*K/S* 值随着染色温度的提高逐渐增大,当染色温度达到 60℃时,*K/S* 值达到最大,主要原因是温度升高加速了染料的分解。结合正交实验结果,选择染色温度为 60℃。

表 3-34　染色温度单因素试验结果

染色温度/℃	30	40	50	60	70	80
K/S 值	4.528	5.943	6.775	7.322	7.024	6.985

d. 黄连媒染剂用量单因素分析。考虑到金属离子的毒性,仅选择铝盐和铁盐媒染剂进行试验,分别用铝盐和铁盐媒染剂对羊毛织物进行同浴媒染染色。实验结果如表 3-35 所示,同等条件下,铁盐同媒染 *K/S* 值明显小于铝盐同媒染。当铝盐媒染剂用量为 4%(owf)时 *K/S* 值较高。之后,即使增加媒染剂用量 *K/S* 值增加也不明显,这与正交实验中铝盐最佳使用量相符合,所以选择铝媒染剂用量 4%(owf)。

表 3-35　媒染剂用量单因素试验结果

染色类型	媒染剂用量/%(owf)				
	2	4	6	8	10
铝同媒染 *K/S* 值	3.579	7.332	7.335	7.338	7.338
铁同媒染 *K/S* 值	2.175	3.518	4.173	5.056	5.481

③染色织物色牢度值。在最佳工艺条件下,对染色羊毛织物色牢度进行测试,测定结果如表 3-36 所示,黄连的耐摩擦色牢度良好,但是耐皂洗色牢度一般,直接染色只有 1~2 级,经媒染后提高了 1 级以上,达到了染色毛织物色牢度

服用要求。

表 3-36 试样染色牢度

染色类型	耐皂洗色牢度/级			耐摩擦色牢度/级	
	棉沾色	毛沾色	毛褪色	干摩	湿摩
直接染色	3~4	3	1~2	4	3~4
铝盐媒染	3~4	3~4	3	4~5	4

(3)结论。

①黄连同媒染色羊毛织物的最佳工艺条件为:硫酸铝钾用量 4%(owf),pH=8,染色温度 60℃,媒染时间 60min,效果较好。

②黄连染液对羊毛织物直接染色牢度一般,铝盐同媒法染色织物的耐皂洗及耐摩擦色牢度分别可达 3 级及以上,达到加工和服用要求。

③用黄连天然染料同媒染色羊毛织物符合绿色织物染色标准。黄连原料易得,成本低廉,有利于染料提取液的加工,可获得较高的经济效益,具有一定的开发价值。

(三)还原染色法

植物中已存在天然色素化合物,在染色过程中最终形成不溶于水的色素,也就是还原染料隐色体的生成过程,包含靛类(靛蓝是应用历史最久的一类还原染料)和蒽醌两大类。染色原理与合成染料染色一样,工艺也几乎一样,一般都是在碱性介质中进行。主要用于棉、黏胶等纤维的染色。此种方法染色前首先对原染料进行还原,浸染织物再采用空气氧化,使其氧化显色,重新成为不溶于水的还原染料,固着在织物上。最具代表性的是靛蓝浸染法染色,即将织物浸泡在由靛蓝草枝叶经发酵后产生的可溶性白色溶液中,然后取出,在空气中氧化,生成不溶于水的青蓝色,耐日晒、耐水洗和耐加热。还原染色工艺:

染料还原→浸染织物→空气氧化→氧化显色

本书以靛蓝染色涤纶织物为例,来阐述还原染色法在天然染料染色织物中的应用。

靛蓝是我国古代最为常见的植物染料之一，是从菘蓝、蓼蓝、木蓝或马蓝等含有靛苷的植物的茎或叶中发酵制成，主要用于棉纱、棉布、羊毛或丝绸等天然纤维织物的染色，染色织物的颜色经久不退，在传统染织文化中占有重要的地位。它具有优良的耐光、耐气候色牢度及耐热稳定性，价格低廉，色调高雅，且其独特的药物保健功能，具有合成染料无法比拟的优点。传统的天然靛蓝染色方法有缩合染色法、自然发酵染色法和人工发酵染色法，是古代人民智慧的结晶，是中华民族的瑰宝。但是传统土靛中靛蓝色素含量非常低且不稳定（通常不到1%），传统工艺染色耗时长（一般需十几天），且因手工操作影响因素较多，颜色重现性差，难以实现批量生产。

在现有的靛蓝染色过程中，至少包括两道或两道以上的连续的染色工序，染色完成后再进行水洗，尽管实现了连续的染色工序，比传统染色方法省时，但织物的颜色牢度较低。因此，现有技术还有待于改进和发展。运用现代提取技术提取分离出植物靛蓝，并制备成固态粉末状，降低储藏成本，提高稳定性能；同时采用现代先进的生态染色方法，染色过程清洁无污染，让靛蓝在染织行业中重新发挥主流作用。本文采用靛蓝对涤纶织物进行染色，探讨染色的最佳工艺条件，研究尿素对涤纶织物靛蓝染色效果的影响，为靛蓝染色的应用提供参考依据。

1. 试验设计

（1）材料、药品和仪器。

材料：涤纶织物（80g/m^2，临沂市奥博纺织制线有限公司）。

药品：靛蓝（江苏采薇生物科技有限公司），碳酸钠、冰醋酸、氢氧化钠（均为分析纯），保险粉、中性皂液（市售商品）。

仪器：OIRNETX测色配色仪（OIRNETX有限公司）；SOTZ-24振荡染色机（东成染整机械有限公司）；DHG-9070A型恒温鼓风干燥箱（上海精宏实验设备有限公司）；ESZ-4精密电子分析天平（沈阳龙腾电子有限公司）；HH-4单列四孔水浴锅（山东博科生物产业有限公司）；PHS-3C型pH计（上海伟业仪器厂）；LFY304纺织品耐摩擦色牢度试验仪（山东纺织科学研究院）；SW-12耐洗

色牢度试验机(无锡市三环仪器有限公司)。

(2)染色工艺。

a. 处方。

靛蓝	1%(owf)
保险粉	8g/L
氢氧化钠	3g/L
浴比	1∶40

b. 流程。

靛蓝40℃开始还原→然后升温至60℃→继续还原30℃→加入醋酸条件节pH→投入涤纶织物→染液升温120℃→染色20min→取出织物→均匀挤干→摊开放在空气中氧化20min→水洗→皂煮(肥皂2g/L、纯碱2g/L,浴比1∶30,95℃,10min)→水洗→晾干

c. 皂洗工艺条件。浴比1∶30,标准皂片2g/L,无水碳酸钠2g/L,在80℃水浴下皂洗20min,冷水洗,烘干。

(3)染色性能测试。

颜色特征值:测试染色后织物*K/S*,D65光源,10°视角。

染色牢度:耐摩擦色牢度按照GB/T 3920—2008《纺织品　色牢度试验　耐摩擦色牢度》。

耐皂洗色牢度按照GB/T 3921—2008《纺织品　色牢度试验　耐皂洗色牢度》。

2. 结果与讨论

(1)pH的影响。染浴的pH对染色的效果有重要的影响。pH对涤纶织物的*K/S*值影响试验结果如表3-37所示,pH对织物的*K/S*值影响较大,染浴pH在6~7时,染色织物的*K/S*值达到最大;在未调节pH的碱性条件下,染色织物*K/S*值较小。原因是靛蓝被还原后,溶液是碱性时生成隐色体,溶液是酸性时生成隐色酸。靛蓝隐色体具有很好的水溶性,对棉等纤维素纤维有一定的亲和力,上染性能好,而对涤纶等疏水性纤维则缺乏亲和力,不能有效上染。随着醋

酸的加入量增多，染料的亲水性逐渐减弱，对涤纶的亲和力逐渐增大，织物的 K/S 值也因此逐渐增加。此时的染色机理类似于分散染料对涤纶织物染色的自由体积模型。

表 3-37　pH 对染色织物 K/S 值的影响

pH	4	5	6	7	8	9
K/S 值	10.264	12.175	13.258	13.381	4.533	3.992

（2）温度的影响。染色需在较高的温度下进行，其原因是涤纶内部必须形成较大的空隙，染料才能很好地上染。调节染浴 pH 为 7，将涤纶织物在不同的温度下进行染色，如表 3-38 所示，随着温度的升高，涤纶织物的 K/S 值逐渐增大，当染色温度为 120～130℃时达最大值。这是因为，一方面，涤纶的结晶度较高，需要足够高的温度才能形成比较大的空隙；另一方面，靛蓝分子也要在较高温度下才能获得足够的动能，扩散进入纤维内部。所以染色条件类似于分散染料染涤纶的高温高压染色。

表 3-38　染色温度对染色织物 K/S 值的影响

染色温度/℃	90	100	110	120	130
K/S 值	2.864	7.735	11.352	13.395	13.402

（3）染色时间的影响。调节染浴 pH 为 7，于 120℃分别上染 10min、20min、30min、40min、50min、60min。不同染色时间下涤纶织物的 K/S 值如表 3-39 所示，当染色时间在 10～20min 时，织物 K/S 值基本相同，继续延长染色时间，织物的 K/S 值反而下降。这可能是由于染料在高温及较长时间作用下，其结构发生了某种变化。

表 3-39　染色时间对染色织物 K/S 值的影响

染色时间/min	10	20	30	40	50	60
K/S 值	13.325	13.314	12.396	11.955	11.097	10.561

(4)尿素的作用。尿素是常用的染料助溶剂,对纤维有一定的溶胀作用。靛蓝还原后,在染浴中加入不同量的尿素,于120℃对织物染色20mim,染色结果如表3-40所示,尿素的加入,可以使涤纶织物的*K/S*值增大,当用量达到10g/L时,助染效果最佳。

表3-40　尿素用量对染色织物*K/S*值的影响

尿素用量/($g \cdot L^{-1}$)	0	5	10	15	20
*K/S*值	12.852	13.016	13.541	13.206	13.058

(5)织物的色牢度。在最佳染色工艺条件下,以不同用量的靛蓝染料对涤纶织物进行染色,测试涤纶织物的耐摩擦色牢度及耐水洗色牢度,结果如表3-41所示,靛蓝染色后的涤纶织物具有优良的耐摩擦色牢度和耐皂洗色牢度。靛蓝用量为1%(owf)时,染色织物的耐干湿摩擦色牢度都可达到4~5级。但随着靛蓝用量的增加,耐摩擦色牢度也有所下降。一般情况下,其耐摩擦色牢度优于靛蓝在纤维素织物上的耐摩擦色牢度。这是因为靛蓝上染纤维素织物时呈“环染”状,不能将纤维完全染透,而有部分积聚在纤维表面,易脱落。靛蓝染色涤纶织物的耐水洗色牢度也非常好,这符合靛蓝是非水溶性还原染料的特性。

表3-41　靛蓝染色涤纶织物的色牢度

靛蓝用量/%(owf)	耐摩擦色牢度/级		耐皂洗色牢度/级	
	干摩	湿摩	变色	沾色
1	4~5	4~5	5	4~5
2	4~5	3~4	5	4~5
3	3~4	3~4	5	4~5

3. 结论

(1)靛蓝染色涤纶织物获得较好的染色效果,最佳染色条件为:pH=6~7,染色温度120~130℃,染色时间10~20min。

(2)添加尿素增加了织物的 K/S 值,最佳用量 10g/L,靛蓝染色织物色泽柔和,获得较好的耐摩擦色牢度和耐皂洗色牢度。

(3)避免了靛蓝传统还原染色过程中劳动环境差、废水中硫酸盐类物质过量的问题,反应过程温和,易控制,能从源头上避免含苯胺的印染废水的产生,且能增强染料的氧化效果,降低染料的成本。

(四)其他染色技法

人们很早就开始利用天然染料染色丝、棉、毛等织品。如利用红花、郁金等进行敲拓染,这种方法就无须添加媒染剂,省去繁复的煎煮程序,通过敲击就可以把植物的自然形态和色彩直接染到织物上的方法。可利用植物染料中的天然色素对酸、碱性溶剂的溶解度不同,对纤维进行处理,使之在纤维上固着染色。人们为了减少染料的浪费,节约成本,减排环保,将织物在染色残液中反复染色,或者收集残液,再按需要补充染料进行续色。除了这些民间普通染色方法之外,著名的便是传统缬染,分别为蜡缬、夹缬、灰缬和绞缬四大工艺,对应现代名称为蜡染、夹染、蓝印花布和扎染。

1. 扎染

扎染古代称扎缬、绞缬、夹缬和染缬,是一种古老而简单、传统而独特的民间染色技术。这项始于秦汉,兴于魏晋、南北朝的染色工艺分为扎结和染色两部分。扎染技法有多种,利用这种技法可以染出小碎花纹、蝴蝶纹、梅花形和鱼子形花样等。

绞缬又名撮缬、撮晕缬,是我国传统的手工染色技术之一,始于东晋时期,兴盛于隋唐时期,现在比较出名的是云南绞缬。是一种防止局部染色而形成预期花纹的机械防染法,最适于染制简单的点花或条纹。基本图案花纹疏大的叫鹿胎缬或玛瑙缬,花纹细密的叫鱼子缬或龙子缬。还有比较简单的小簇花样如蝴蝶、蜡梅、海棠等。东晋南北朝时,绞缬染制的织物多用于妇女的衣着。现代绞缬是结合新材料、新工艺,进行大胆创新,使这种古老的扎染工艺重新焕发青春。绑染,是绞缬染锦的一种,是美孚黎(黎族的一支)特有的一种古老的染织技艺。

夹缬现称为蓝夹缬，是中国传统印染“四缬”技艺之一。夹缬是利用两片刻有花纹的木板或相同形状的东西夹住织物进行染色，可依夹的松紧度和染色次数来变化图案（染出如连续、对称、放射状等的多样花纹）或染出深浅不一的多重色彩。主要用天然染料红花和靛青（蓼蓝染绿、大蓝染碧、槐蓝染青，三蓝都是靛）染色。夹缬始于秦汉，唐代盛极一时，以至于官兵的军服也用夹缬来做标识，从唐诗“成都新夹缬，梁汉碎胭脂”“醉缬抛红网，单罗挂绿蒙”到敦煌莫高窟彩塑菩萨所穿着的夹缬彩装，充分显示了人们对于夹缬的喜爱。但到了宋代，朝廷指定复色夹缬为宫室专用，二度禁令民间流通，夹缬被迫趋向单色。进入元明后，工艺相对简单的油纸镂花印染风行中原，夹缬终于湮灭于典籍，一般认为已经消失。但它并没有完全消失，而是又回到民间顽强地生存下来。

中国古代丝绸的印花技术称为“染缬”。染缬始于秦代，南北朝时期已广泛用于服饰，隋代已达到很高的水平，唐代十分繁盛，五代时期继续发展，当时流行在民间的著名染缬名目有锦缬、鹿胎缬、茧儿缬、撮缬、蜀缬、檀缬、浆水缬、哲缬、三套缬等。染缬的技艺繁复，宋朝开始衰落。

2. 蜡染

古代称蜡缬，是一种以蜡为防染材料进行防染的传统手工印染技艺，也是我国古老的少数民族民间传统纺织印染手工艺，历史悠久，现在以贵州蜡缬最著名，苗族、瑶族、水族、土族、白族、布依族、仡佬族等仍十分流行，与绞缬（扎染）、夹缬（镂空印花）并称为我国古代三大印花技艺。蜡染盛于唐代，棉、麻、丝、毛织物都能采用，一般以植物染料靛蓝染色为主，还加上黄色的栀子、姜黄，红色的红花、茜草、椿树皮，绿色的冻绿等，成为艳丽的多色蜡染。染色用浸染的方法，即把用蜡画好的布或衣饰放在染缸里，浸泡五至六天晾干，再反复浸染，如果需要织物上现出深浅不同花纹，可在第一次浸泡后，再点绘蜡花浸染。入选为第一批国家传统工艺振兴目录。

蜡染与扎染的区别是染色面料靠蜡还是靠绳子来裹扎，染料是可以一样的，但扎染的方法更加生动。

3. 灰缬

灰缬现称蓝印花布，起源于宋朝的“药斑布”，是用碱性的防染剂进行防染印花的工艺，东北称为“麻花布”、山东称为“猫蹄花印”、江苏称为“药斑布”、福建称为“型染”、湖北称为“豆花布”，是现代中国蓝染业的主流，以苍南夹缬最出名，用植物染料靛蓝染色。

4. 绞染

绞染是学习染色过程中最初阶段的一种技法，利用手抓提布料后绑紧，作为防染图案，只要一块布与一条棉绳，绑在布上防染的部分，就可以随意设计出极富变化的染色花纹。绞染的技法虽然简单，但染出来的图纹却是变化多端，整体效果变化较大，也较为生动。绞染与夹缬是染布法中较简单、易上手的染法。

5. 型染

型染是我国古代衣被文化主要印染装饰手段之一，民间常称它为刮浆染，也称蓝印花布（以蓝靛染色，染后呈现蓝白分明的图案）。型染的步骤为：图案设计→雕刻型版→调制防染糊→染布定位→刮印防染剂→染色→除糊料。就是利用刷子将染料在刻有纹样的印版（模板）上重复印制、染色织物，从而产生相对一致纹样的工艺。该工艺简单方便，但图案变化性较少。另有先染色再刮印拔染糊拔色成纹而称拔染者。蓝印花布在现代已经退出了实用的市场，特别是在服装上，除了偶尔表演以外，很难见到蓝印花布的服装。相反，日本的传统手工印染工艺——红型染却经常可以看到。其染色仍然应用天然染料，印花加手绘，比蓝印花布丰富得多，相传该工艺是在唐代流传到日本的。探究这一古老的印染工艺手法，可以为当代染织设计提供诸多有益的启示。

6. 吊染

吊染是一种特殊防染技法的扎染工艺，需在特种染色机中完成。将成衣和纯棉、真丝等一定长度面料吊挂起来，排列在往复架上，染槽中先后注入液面高度不同的染液，如此可染得阶梯形染色效果。可以使面料、服装产生由浅渐深或由深至浅的安详、柔和的视觉效果。简洁、优雅的审美意趣，让人体味到一缕中国传统浅绛山水画的墨韵余香。

7. 拔染

拔染在民间又被称作“镪水画”，它是将以一定比例兑稀的稀硫酸拔出靛蓝布上的颜色而形成蓝白纹样的一种印花方法。一般纹样以线条为主，操作方便，自由度大。拔染印花也称雕印、拔色或色拔。拔染印花既可用于布匹，也可用于成品服装。利用天然染料进行纺织品拔染，可以使纺织品成品呈现自然本色。

8. 泼染

泼染是近几年世界上流行的现代手工染色的一种形式。泼染产品具有染色与印花的优点。将染液手绘于织物上，再去除上染部分染料的水分，使浓度增加，直至染液自然干燥。染出的花纹似泼出的水珠，给人以新颖奇特的感觉，深受消费者的青睐。

9. 拼色和套染

（1）拼色。植物染料由于可变性大，单一染料在布料上的色牢度和色彩的丰富度较差，为弥补这个缺陷，可采取拼色的方法。拼色就是把不同性质的染料按一定比例混合染色，得到不同深浅程度的颜色，扩展了色相，对明度和上染率均有作用。公元前150年，已能把黄、红、蓝三原色天然染料拼混染成各种颜色。要说明的是，虽然是同一个色系，但因染料来源、性质、提取方法、温度、媒染剂、提取剂（水或乙醇）等不同，与另一个染料拼色会出现不同的颜色，甚至会有很大的偶然性，这也是天然染色的一大特色和魅力所在。如苏木是为数不多的红色染料之一，性价比很高，缺点是染色牢度不太好，特别是在棉、麻布料上，可通过苏木与其他染料的配伍来达到需求。苏木可以与胭脂红、紫胶红、黄栌、神农草、栎树叶、五倍子等很多染料拼色，通过不同的方法来染出紫红色。甚至苏木、五倍子和神农草三种材料拼色棉、麻、丝，皂洗后也呈现紫红色；苏木与黑檀、香椿皮、大黄三种配伍拼色棉、麻、蚕丝，皂洗后基本上是灰紫色；苏木与石榴皮拼色丝绸，皂洗后呈深驼色，相对比较稳定；还有米筛腾与蜘蛛刺两种植物染料拼色为黄色；栌木与茶叶、茜草和麻栎壳拼色为黄色；茜草和兰草拼色得绿色；天然蓝（蓝藻蛋白和栀子蓝）与红曲色素拼色为紫色；栀子蓝和胭脂虫拼色为蓝绿色；靛蓝和红花可以拼色为橘红、橙色、杏黄、紫色等；靛蓝和黄檗可以拼色为大绿、葱绿、草绿等色；栀子蓝和红花黄拼色铝媒染得蓝绿色、铁媒染偏得黄色；胭脂虫与红花黄拼色经铝和铁媒染得偏蓝绿色；高粱红和栀子黄拼色经铝和铁媒染得偏蓝绿色；高粱红与紫甘薯红拼色铝媒染得偏黄绿色、铁媒染得偏蓝绿色；紫甘薯与红栀子黄拼色铝媒染得偏黄色、铁媒染得偏蓝绿色；红花黄与黑米红对柞蚕丝织物进行拼色铁媒染可以得到绿色等。通过天然染料拼色，得到自然界中没有的颜色，扩大了天然染料的色谱范围，织物的染色牢度也很好，如靛蓝与大黄染料拼色羊毛纤维（如图 3-8 和表 3-42 所示。染色条件：染色温度 80℃，染色时间 60min，pH=4）；历史悠久的藏毯其传统的染色经验，是按照就地取材的原则，许多颜色是染料相互拼色而成（表 3-43）；具有同源性的两种植物——黑叶李和紫叶矮樱落叶染料以不同比例拼混直接染色和后媒染染色丝绸织物，可以得到丰富的颜色（表 3-44 和表 3-45）。直接染色条件：pH=4，染色温度 70℃，染色时间 50min，浴比 1∶30；媒染染色条件：5.0g/L 媒染剂［其中稀土 $(Pr/Nd)_2O_3$ 用量为 0.5%］，浴比 1∶40，染色 30min。

表 3-42　靛蓝与大黄拼色染色羊毛纤维色牢度

配比（大黄：靛蓝）	耐摩擦色牢度/级		耐皂洗色牢度/级	
	湿摩	干摩	褪色	沾色
1∶9	3	4	4	4~5
2∶8	3	3~4	4	4~5
3∶7	3	3~4	3	4~5
4∶5	3	4	3	4~5
5∶5	3~4	3~4	3	4~5
6∶4	3~4	3~4	3	4~5
7∶3	3	3~4	3	4~5
8∶2	3	3~4	3	4~5
9∶1	3	3~4	3	4~5

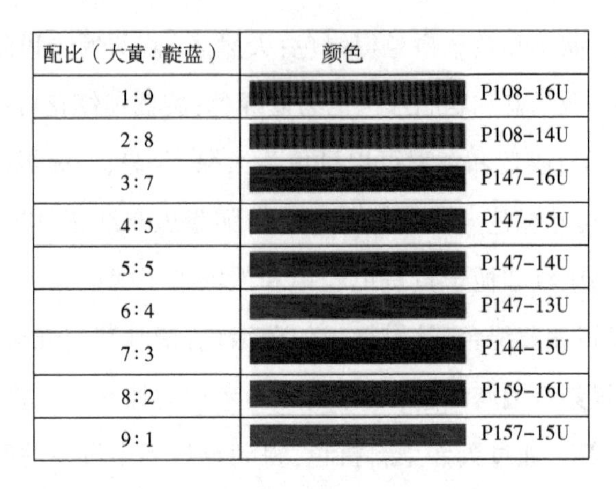

配比（大黄∶靛蓝）	颜色
1∶9	P108-16U
2∶8	P108-14U
3∶7	P147-16U
4∶5	P147-15U
5∶5	P147-14U
6∶4	P147-13U
7∶3	P144-15U
8∶2	P159-16U
9∶1	P157-15U

图 3-8　靛蓝与大黄拼色染色羊毛纤维颜色

表 3-43　藏毯中植物染料的拼色

颜色	拼色植物染料	颜色	拼色植物染料
白杏色	核桃皮+狭叶红景天	茶色	核桃皮+狭叶红景天+枝状地衣
深印第安红	盐碱土+三叶木通	桃色	余柯子+狭叶红景天
鹿皮色	余柯子+狭叶红景天	柠檬绸色	余柯子+藏青果+狭叶红景天
烟白色	余柯子+草红花		
粉红色	木通+核桃皮+枝状地衣	暗秘鲁色	枝状地衣+余柯子
亮粉红色	狭叶红景天+三叶木通	暗肉色	木通+核桃皮+枝状地衣+盐碱土+狭叶红景天

表 3-44　黑叶李和紫叶矮樱落叶拼混染料直接染色丝绸织物颜色特征值

染液体积分数/%		L^*	a^*	b^*	c^*	K/S 值	颜色
黑叶李落叶染料	紫叶矮樱落叶染料						
0	100	65.075	5.816	9.475	11.117	2.182	浅红
20	80	60.513	4.712	24.141	24.596	4.013	练色
40	60	54.496	3.803	16.296	16.734	4.579	鸟子色
60	40	55.198	8.802	11.272	14.302	5.253	枯色
80	20	53.626	5.338	20.897	21.568	4.529	砂色
100	0	63.37	4.144	15.261	15.814	2.208	砂色

表 3-45　黑叶李和紫叶矮樱落叶拼混染料媒染染色丝绸织物颜色特征值

媒染剂	染液体积分数/%		L^*	a^*	b^*	c^*	K/S 值	颜色
	黑叶李落叶染料	紫叶矮樱落叶染料						
硫酸铝钾	0	100	65.166	2.218	22.609	22.722	3.737	浅红色
	20	80	54.67	11.877	20.978	24.107	-4.527	浅黄色
	40	60	50.82	6.014	15.727	16.838	6.781	黄绿色
	60	40	55.421	9.58	15.938	18.595	4.576	黄绿色
	80	20	61.439	7.289	21.2	22.418	4.012	黄绿色
	100	0	61.840	10.262	21.525	23.846	3.096	乌金色
硫酸亚铁	0	100	59.898	-1.592	17.385	17.456	3.362	黄绿色
	20	80	54.154	0.064	12.851	12.859	3.834	豆青色
	40	60	46.831	-0.369	11.313	11.319	5.146	棕绿色
	60	40	47.205	-0.4	12.828	12.832	5.671	棕绿色
	80	20	54.174	-0.132	13.685	13.974	4.107	墨绿色
	100	0	54.684	-0.118	14.596	14.597	3.831	墨绿色
硫酸铜	0	100	64.502	-2.286	17.442	17.594	2.566	翠绿色
	20	80	58.253	1.116	24.004	24.03	3.69	诺草色
	40	60	49.3	0.324	24.183	24.186	5.985	诺草色
	60	40	48.39	1.004	21.066	21.09	6.24	诺草色
	80	20	58.54	5.78	21.662	22.42	4.007	碧绿色
	100	0	57.089	2.046	20.761	20.861	3.438	碧绿色
稀土	0	100	63.918	2.898	14.812	15.093	2.634	浅红色
	20	80	63.181	9.554	15.32	18.055	2.909	番木瓜色
	40	60	51.671	9.34	15.445	18.05	4.336	小麦色
	60	40	52.508	6.167	17.311	18.377	5.513	小麦色
	80	20	53.626	5.338	20.879	21.568	3.977	驼色
	100	0	60.513	4.712	24.141	24.596	3.255	驼色

(2)套染。用两种或多种染料分先后两次进行浸染(或染色两种不同纤维混纺或交织的织物)称套染，其增色方法是利用染料不同的用量而得到不同的

颜色。我国第一部手工业著作《考工记》有“三入为纁，五入为緅，七入为缁”的记载，描述的就是套染。如米筛腾与靛蓝套染、蜘蛛刺与靛蓝套染得绿色；靛蓝与石榴皮套染得碧色，与黄檗套染得青色、鹅黄色，与紫胶套染可得蓝紫色，与柯子套染可得蓝灰色，与槐花套染成官绿和油绿色；与芦木、杨梅树皮套染得玄色，与苏木套染得天青色或葡萄青色；黄檗与蓝靛或苋蓝套染得鲜艳的草豆绿色；蓝靛加黄栌木和杨梅树皮各一半套染得玄色；青黛与姜黄套染得绿色，姜黄染料相对用量对染色深度的影响较大。优化工艺条件为：姜黄染液相对用量30%，染色 pH=4，温度 80℃，染色时间 60min，套染柞蚕丝织物的色牢度大于 3 级，对金黄色葡萄球菌的抑菌率达 92.56%，大肠杆菌的抑菌率达 80.41%。

10. 段染

段染是指在织物上或一绞纱线上染上两种及多种不同颜色，可分为原始手工段染和机械段染。此工艺染料利用率高，对环境污染小。但其如染色时间过长，会影响段染的效果；如染色时间短，染料的上染率差，染化料的利用率差，浪费和污染比较严重，所以段染工艺应用并不是很广泛。

11. 防染印花

防染印花是在织物上先印以防止底色染料上染或显色的印花色浆，然后进行染色而制得色地花布的印花工艺过程。其历史悠久，不受染料限制。西汉时期工艺水平高超的绞缬、葛缬实际上就是一种防染印花的织物。

12. 云染

云染属于绞缬的一种。染色时染液会随着织物之间的疏密渗透上色，因其并无一定的规范，所以每个成品皆会呈现不同的效果，因形似蓝天下的白云，故称为云染。靛蓝、栀子、废弃的洋葱皮等是很好的云染染色材料，可以轻易地染得蓝色和黄色。

三、加大开发天然染料染色新方法

传统的染色方法耗时、耗能、废水多，一些新的染色方法，如酶促染色法、纤维改性染色法等与传统染色方法相比，有助于提高染色效率，改善染色牢度。

(一)新媒介染色法

媒介染色法历史悠久,周代人就掌握了茜草以明矾为媒染剂可染出红色的技术。染料中加入媒染剂能使染色纤维获得不同的颜色,改善色牢度。天然染料染色常用的是金属媒染剂,包括硫酸铝钾、硫酸亚铁、硫酸铜等,其主要是通过络合作用将染料和纤维连接在一起。媒染剂单独或混合应用可以提高天然染料的上染率以及染色表观得色深度,丰富天然染料的色相。但金属媒染剂染色获得的天然染料织物的色牢度还有待进一步提高,开发新媒介染色法对于天然染料染色发展很有意义。

发展天然染料媒介染色工艺的重要途径,是通过改进传统的媒介染色工艺和开发新的媒染剂,如稀土、柠檬酸络合物、单宁酸等作为新型媒染剂。这些媒染剂能显著提高染色丝绸、棉麻等织物的天然染料上染率,改善匀染性和染色牢度。植物单宁酸是水溶性多酚类物质,广泛存在于大多数植物中,单宁酸的酚羟基能够使染料与纤维之间形成交联并固色,获得比较满意的染色深度、匀染性和染色牢度。此外,从植物中提取的叶绿素已经成功作为天然媒染剂使用,来源于富含单宁酸或能够积累金属的植物,如川梨、橡树和漆树等,与金属媒染剂相比,具有降低金属污染、环境友好的特性,在绿色产品的开发应用中具有较高的价值。

(二)酶促染色法

酶是一种新型、环境友好的生物活性织染助剂,它的种类很多。开发蛋白酶、水合酶、脂肪酶、过氧化氢酶、纤维素酶转酰胺酶、腈水合酶等生物酶在染色中应用是全新的研究方向。生物酶主要应用于天然纤维的前处理加工,如用胃蛋白酶对真丝织物进行预处理后用茜草染色,织物得色深度和各项色牢度明显高于未处理的真丝织物。使用胰岛素和 α-淀粉酶对棉和羊毛预处理后染色,酶处理的同时羊毛的防缩性能和染色性能均得到改善。除了天然纤维适合酶促染色,一些合成纤维同样适合。

(1)腈纶用腈水合酶[腈纶先经 2%(owf)苯甲醇预处理 60min,再用 5%(owf)的腈水合酶在浴比 1∶50、pH 7、温度 40℃的条件下酶处理 50h]处理后,用胭脂红染色,上染率大幅度提升。

(2)真丝用蛋白酶(蛋白酶质量分数3%,浴比1∶50,pH 3,40℃处理40min后,其 *K/S* 值明显高于未处理的真丝织物)预处理后用茜草染,色各项色牢度均达4级以上。

(3)羊毛织物经蛋白酶处理后,用胭脂虫色素染色(蛋白酶浓度1%,胭脂虫红色素浓度60%,浴比1∶40,pH 为4,温度90℃条件下染色50min)后性能良好,织物的匀染性、色牢度较好。

(4)蛋白酶、TG 酶联合改性羊毛织物后用苏木直接染色,媒染 *K/S* 值均增加明显,耐干摩擦及耐皂洗色牢度优良。

虽然天然染料酶促染色方法的研究相对较少,但从提高产品质量、减少环境污染的角度,酶促染色法是一个符合环保要求的比较有前景的工艺技术。进一步开发天然染料用工业酶以及研究酶促染色新工艺将有利于天然染料酶促染色技术早日实现产业化。

(三)超声波和微波染色法

超声波染色法是通过超声波的高压搅拌作用,颗粒解聚,改善染料匀染性,也可使纤维表面的动力边界层变薄,在纺织品湿加工过程中,可以明显提高染色速度,提高染料的上染率,降低纤维损伤,提高生产效率。如天然染料紫胶用超声波染色锦纶织物,比传统染色法上染率高出37%,减少了污水排放,降低染料的使用,并显著增强染色织物的染色深度和色牢度,是一种有前景的绿色的染色新工艺。

微波染色是利用微波加热促进染料的溶解和扩散,染色均匀性较好,能够大幅度降低能耗的染色技术。不仅适用于纤维素纤维和羊毛纤维染色,还特别适用于聚酯纤维的染色。天然染料高粱红、茶多酚、栀子黄和栀子蓝、紫胶等均可采用微波染色法染色织物。将微波技术和酶促染色法或媒介染色法相结合,将进一步发展天然纤维的应用前景,相关技术联合使用也将更加促进节能环保的发展。

（四）纤维改性染色法

纤维通过改性（包括化学改性法，如纤维素纤维胺化改性、活化改性和氨基聚合、表面化学接枝等；物理改性法，如低温等离子处理、磁溅射等；生物改性法，如利用酶处理、液氨和铜氨溶液处理等），减少了纤维对天然染料的排斥，同时引进一些活性基团，改善了天然染料在纤维上的染色性能。

（1）蚕丝织物经交联型固色剂处理后，再由天然染料姜黄染色，耐干、湿及日晒色牢度明显提高。

（2）天然染料染色阳离子化学改性的棉织物具有较高的得色量，较好的色牢度和匀染性以及优异的紫外防护性能。例如，15g/L的阳离子改性剂与4g/L的烧碱在浴比1∶20的条件下，70℃处理棉织物1h，再用2%（owf）的栀子黄染料，浴比1∶20，80℃染色1h，染色*K/S*值明显提高；4%（owf）的非反应型阳离子改性剂BE-2，在浴比1∶20，70℃处理棉纤维15min，再经胭脂虫红天然染料染色，色牢度、匀染性较好，得色量较高。

（3）壳聚糖不仅可以对纤维改性，同时能够赋予纤维生物功能性，从而提高了对纤维的吸附上染。

（4）物理改性技术在纺织行业中的推广可以带来显著的经济及环保效益。

（5）磁溅射技术可以赋予织物抗菌、电磁屏蔽、防紫外、防水透湿的功能，并有助于染料的染色。

（6）等离子处理技术作用于有机化合物，可以使纤维表面发生分解、聚合、接枝、交联、减量等化学反应，有利于纤维与染料的反应，大大改善了对染料的吸附和固着。

（五）乳化分散法

对溶解性小的染料采用乳化分散的方法，就是利用阴离子或非表面活性剂使不溶解的色素颗粒分散到染液中，形成稳定的分散体系，使织物和染料颗粒接触机会增多，染料吸附速度加快，达到较好的染色效果，降低了染色成本。染料的水溶性越小，分散法染色效果越好。如用含有巯基丙酸异辛酯5%的处理剂处理玉米纤维织物，再将相当于天然染料质量3%的分散剂加入相当于处理后的玉米纤维织物质量16%的水，加热至60℃时，再加入相当于处理后的玉米纤维织物质量2.5%的天然染料，搅拌处理5min，最后在阶段性升温的条件下利用预处理后的天然染料对处理后的玉米纤维织物进行染色，不仅缩短了染色时间，降低了染色温度，还提高了染色牢度，节省了染料。

（六）超临界流体染色技术

超临界流体染色技术具有良好的稳定性和易操作性，能轻易地对蚕丝、羊毛、棉、麻、黏胶、聚酯、聚酰胺等纤维进行染色，染色织物色泽均匀、色牢度较好。

（1）用菠菜中提取的叶绿素和改性叶绿素进行羊毛纤维超临界CO_2染色与常规水浴染色对比，前者染色效果更好，染色牢度明显提高，耐干、湿摩擦色牢度均达到4级以上，耐洗、耐汗色牢度均在3级以上。

（2）叶绿素衍生物（染色条件：pH为4，染色温度为95℃，染色时间为40min）对锦纶进行超临界CO_2染色，匀染性和色牢度好于普通染色工艺。超临界流体染色技术只要解决好设备投资高及潜在的危险性问题，是可以作为天然染料新的染色方法而被广泛应用的。

第四章　环烯醚萜类天然活性染料

环烯醚萜于1958年被确定基本骨架至今已分离出的化合物超过1400多种，各国专家学者对环烯醚萜进行了大量研究工作。2002年以来，国内外学者尝试研究天然环烯醚萜化合物可能作为一类新的环境友好的"活性染料"，用于蛋白质材料的染色，为环烯醚萜应用新领域奠定了初步理论基础。重新认识与开发环烯醚萜应用于纺织印染业成为新的课题。目前环烯醚萜化合物应用于天然蛋白质材料染色的研究较少，更无其应用于再生蛋白质纤维染色的研究报道。研发环烯醚萜并应用于再生蛋白质纤维染色，不仅可以增加这类化合物的数量，扩宽其应用领域，还能提高纺织品的附加价值。天然染料至今还未形成规模化生产，所以，天然环烯醚萜活性染料的研发为蛋白质染色材料来源提供新途径，逐步实现工业化大生产，以代替安全性能有问题的合成染料，同时开发功能型纺织品在纺织印染领域具有广阔的发展空间。

环烯醚萜化合物是具有多种活性成分的天然产物，具有很高的药用价值，是许多常见中成药的有效成分之一。环烯醚萜多以苷的形式大量存在于双子叶植物中，如栀子、车前子、油橄榄、忍冬、白花蛇舌草、杜仲、地黄、山茱萸、龙胆草等，种类繁多，在大宗植物中的含量也相当丰富，具备规模化提取的可能性，且结构也容易进行化学修饰。环烯醚萜苷类天然产物与氨基酸反应生成色素，通过掌握其呈色机理可以为一类可再生的、环境友好的、全新的蛋白质材料专用染料的开发提供思路。与原有的各种染料相比，这类染料具有更高的耐干、湿色牢度和耐水洗色牢度，染色织物具有很好的抗菌消臭功能，如果以环烯醚萜化合物为原料制备高端染料产品，作为蛋白质纤维专用染色材料，能广泛地应用于丝绸、毛、皮革、裘皮及再生蛋白质纤维（大豆蛋白纤维、花生蛋白纤维、牛奶蛋白纤维、酪素蛋白纤维、玉米蛋白纤维、羊毛角蛋白纤维、蚕蛹蛋白纤维、纳米抗菌再生蛋白纤维、珍珠蛋白纤维等)制品的染色,甚至用于制备安全、环保的染发剂,有利于形成高科技品牌产品,一定会给纺织印染业带来巨大经济效益,更能带动地方经济发展。在大健康产业发展的黄金期,随着人们绿色环保理念的增强及对化工染料染色产品带来的危害的重视,深入研究并开发天然环烯醚萜天然活性染料意义重大。环烯醚萜化合物本身具有很高的药用价值,作为染料具有无毒无害、染色重现性好等优点,而且染色过程中无须添加中性盐,满足了染整绿色环保的要求,有利于提高纺织印染业产品加工技术水平。染制的蛋白质纤维色泽柔和,还具有医疗功效,因符合生态环保水准而受到人们的青睐。符合当今社会崇尚自然的生活理念和国际社会生态、环保、合理利用可再生资源以及可持续发展等新的科学发展要求,也顺应了健康中国、惠及百姓的发展思路,有极大的潜在市场,也会产生良好的社会效益。

第一节　常用的环烯醚萜类天然活性染料

一、京尼平

京尼平(Genipin),是栀子果实中栀子苷经β-葡萄糖苷酶水解后的产物,具有活泼的侧链和环氧结构,毒性低,有抗癌、抗菌消炎功能,在生物材料、医药、食品领域有广泛的应用。我国是世界上栀子产量最高的国家之一,栀子栽培容易、产量大,为京尼平的生产原材料提供了保障。栀子本身可作为天然染料染蛋白质纤维,但它只是通过覆盖自身的颜色进行染色,很容易褪色。而京尼平是一种环烯醚萜化合物,在碱性条件下发生酯水解,脱去甲氨基,生成京尼平苷酸,经β-葡萄糖苷酶水解脱去葡萄糖,生成苷元。其含有—COOH、—OH 等多个活性基团,能够与氨基酸侧链基团发生一系列的聚合、重排反应,生成稳定的颜色产物,也就是发生了呈色反应。京平尼作为活性染料染色天然蛋白质纤维已有一些研究,但至今并无其对再生蛋白质纤维染色的研究。研究京尼平染色再生蛋白质纤维,可以进一步扩展京尼平的应用范围。此外,京尼平应用于染发剂、皮革染料、医用记号笔、文身膏等研究逐渐增多。可见,京尼平极具开发价值。

二、马钱苷

马钱苷(Loganin),别称马钱子苷、马钱素、番木鳖苷,是最常见的环烯醚萜类糖苷之一,是从植物马钱子中提取的红棕色粉末。它极易溶解于水中,有良好的抗炎、抗菌和抗糖尿病活性。植物马钱子在我国南方有种植,原料丰富,从中提取的环烯醚萜化合物马钱苷元作为染料能够使蛋白质纤维染色后呈棕黄色。

三、橄榄苦苷

橄榄苦苷(Oleuropein),是从油橄榄的叶子中提取的,是一种无毒的裂环烯醚萜苷类化合物,具有消炎、抗菌、抗病毒、抗氧化、抗癌和降血糖等多种作用,广泛应用于化妆品、药品和食品补充剂。中国是橄榄的故乡,也是世界上栽培橄榄最多的国家之一。油橄榄叶资源丰富,从中提取环烯醚萜苷类化合物天然活性染料,可为其开发利用提供借鉴和依据。

四、鸡屎藤苷

鸡屎藤苷是从茜草科鸡矢藤属植物鸡屎藤中提取的黄色粉末,具有抗菌、消炎和镇痛作用。鸡屎藤植物资源丰富,产于长江流域及其以南各地,其中含有大量的环烯醚萜苷类化合物,作为蛋白质纤维染色材料,发展前景广阔。

五、獐牙菜苦苷

獐牙菜苦苷(Swertimarin),是龙胆科獐牙菜属(Swertia L.)植物中的主要成分之一,主要来源于青叶胆和川东獐牙菜的干燥全草,易溶于甲醇和乙醇,在医药保健、日用化工行业用途很广。龙胆科獐牙菜属植物(典型的鱼腥草)南北皆有分布，獐牙菜苦苷作为环烯醚萜苷类天然染料染色蛋白质纤维颜色呈淡黄色，具有研究开发价值。

六、龙胆苦苷

龙胆苦苷(Gentiopicroside)，是由龙胆科植物条叶龙胆的干燥根及根茎中提取得到的淡红或黄色结晶，易溶解于水、甲醇及乙醇等溶剂。龙胆中主含环烯醚萜苷类成分，龙胆苦苷为其中主要有效成分。此类植物在我国也有广泛分布，西南部为其主要产地，提取方法简便，染色后的蛋白质纤维呈亮黄色，完全符合环保染料标准。

第二节　环烯醚萜类天然活性染料的制备

环烯醚萜类化合物存在于双子叶植物，如栀子(茜草科)、油橄榄(木犀科)、忍冬(忍冬科)、白花蛇舌草(茜草科)、丁香叶(木犀科)、咖啡(茜草科)、黄连(莲科)、紫苏(唇形科)、杜仲(杜仲科)、罗勒(唇形科)、女贞子(木犀科)等大宗植物中。我国植物资源丰富，这些植物原材料栽培容易、产量大，为环烯醚萜类化合物的生产原材料提供了保障。环烯醚萜通常以苷类形式存在于植物体内，其极性较大，所以提取方法一般采用溶剂法，常用水、乙醇、甲醇、乙酸乙酯等作为提取溶剂。用水作溶剂时，必须加入适量氢氧化钡或碳酸钙，以防止植物体内酶和有机酸影响。为了获得单一的环烯醚萜，常用高效液相色谱进行分离。

一、环烯醚萜苷类的提取纯化方法

环烯醚萜苷类的提取方法主要为浸渍法、微波法、超声波提取法、超临界流体萃取法；分离纯化方法为大孔吸附树脂法、柱层析法、HSCCC 法。一般选用极性较大的水、甲醇、乙醇、烯丙酮、正丁醇、乙酸乙酯为提取溶剂，其中醇提和醇提水沉的提取率较大,且醇提水沉法较醇提提取率更高。XDA-1 型大孔吸附树脂吸附能力最好,50%乙醇解吸附快速有效,树脂重复利用度高。以京尼平制备为例,其最佳提取工艺流程为:

栀子果实粉碎→称取定量原料粉末→80%乙醇提取→回收乙醇→与硅藻土混匀→烘干→药粉→醋酸乙酯提取→醋酸乙酯液→活性炭脱色→过滤→回收溶剂至出现浑浊→低温静置→结晶物→干燥→成品。

二、环烯醚萜苷的水解

环烯醚萜易被水解,生成的苷元为半缩醛结构,其化学结构性质活泼,容易进一步发生氧化聚合而难以得到原苷的苷元。将栀子、鸡屎藤、油橄榄的叶子等植物原料中提取、分离、制备的环烯醚萜苷通过脂水解和苷交换等结构修饰可以得到各自的苷元,再利用这些苷元作为染料,对蛋白质纤维进行染色,十分方便快捷。环烯醚萜苷元制备工艺如下:

环烯醚萜苷→酶水解→母液→萃取→干燥萃取液→浓缩→重结晶→环烯醚萜苷元。

第三节　环烯醚萜类天然活性染料染色性能的研究

一、环烯醚萜类天然活性染料的染色机理

环烯醚萜类天然活性染料染色机理与传统的天然染料或活性染料有本质的区别。天然染料和化学合成活性染料染色蛋白质纤维,是通过覆盖自身的颜色进行染色,很容易褪色。而环烯醚萜化合物所呈现出的颜色与其分子结构密切相关(环烯醚萜骨架上取代基的位置对呈色性能影响很大)。分子中含有—COOH、—OH 等多个活性基团,能够与氨基酸侧链基团发生一系列的聚合、重排反应(以京尼平为例,如图 4-1 所示)生成纤维—染料—颜色三位一体,即环烯醚萜以苷元的结构与蛋白质纤维上的伯氨基先于染料具有的戊二醛骨

架的互变异构体反应，形成色素中间体，再通过色素中间体偶联形成有色基团。如龙胆苦苷和獐牙菜苦苷是通过苷交换获得苷元衍生物，它们的苷元结构相似，所以它们与蛋白质纤维染色颜色相同；京尼平和鸡血藤苷通过水解获得相应的苷元，京尼平分子可以在含氨基化合物产生交联之前发生聚合，京尼平是以单个分子参与交联的，从而起到染色作用。分子结构不同的环烯醚萜对相同材料染色结果也有差异，如京尼平与氨基酸在加热条件下反应能形成蓝紫色沉淀，它与皮肤接触使皮肤染成蓝紫色；将样品溶于冰醋酸，加入少量铜离子并加热，则产生蓝色反应；而栀子苷苷元却与氨基酸形成接近黑色调产物。同一种环烯醚萜染色不同种蛋白质纤维呈现的颜色也不同，如京尼平染色白发为蓝色，染色蚕丝为浅蓝色。

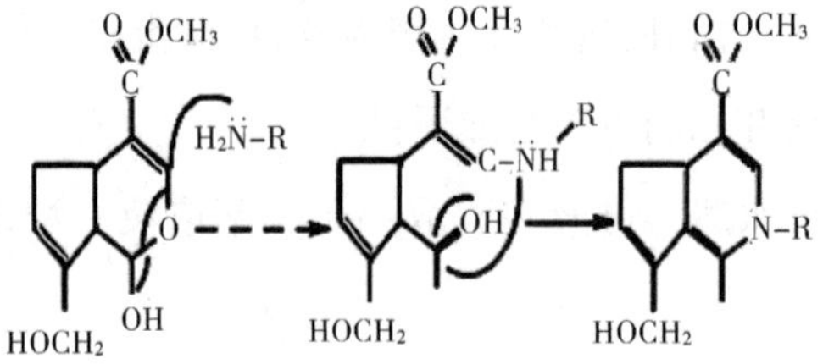

图 4-1　京尼平与氨基酸化合物反应机理示意图

二、环烯醚萜类天然活性染料的稳定性

天然染料比人工合成染料的稳定性差，主要是天然染料受外界因素影响大。pH 使天然染料中色素的结构或组成发生变化，从而使其颜色产生变化；光照（特别是紫外光线）会使天然染料色素分解或氧化而脱色；天然染料在低温或干燥状态时，性质一般较稳定，但加热或高温时易氧化褪色。环烯醚萜类天然活性染料属于反应性染料，对光照不太敏感，受 pH 和高温影响较大，需存放于干燥通风的阴凉处。

三、环烯醚萜类天然活性染料染色蛋白质纤维

环烯醚萜类天然活性染料染色蛋白质纤维，色泽十分鲜艳，色牢度很好，抗

紫外线和抗菌性更佳。与传统染料相比环烯醚萜类天然活性染料在低温、小用量和短时间内就可达到染色效果,具有很高的耐干、湿摩擦色牢度和耐水洗色牢度。

(一)环烯醚萜类天然活性染料染色天然蛋白质材料

以6种环烯醚萜天然染料(京尼平、马钱苷元、龙胆苦苷苷元、橄榄苦苷苷元、獐牙菜苦苷苷元及鸡屎藤苷苷元)对蛋白质材料(蚕丝、羊毛、皮革、裘皮、白发)进行染色为例。反应条件为:环烯醚萜染料质量分数为5%,pH=7.5,55℃,染色时间为120min。染色蛋白质纤维呈现紫黑、棕黄、紫等颜色,染色蛋白质纤维的色牢度均达到4级以上(表4-1)。可见环烯醚萜类天然活性染料完全可以用于蛋白质材料的直接染色。

表4-1 环烯醚萜类天然活性染料染色蛋白质纤维的各项色牢度

染料种类	蛋白质纤维种类	耐皂洗色牢度/级		耐摩擦色牢度/级		耐日晒色牢度/级	颜色
		褪色	沾色	湿摩	干摩		
京尼平	蚕丝	5	4~5	4~5	5	4	浅蓝色
	羊毛	5	4~5	4~5	5	4	青黑色
	皮革	5	4~5	4~5	5	4	蓝黑色
	裘皮	5	4~5	4~5	5	4	蓝黑色
	白发	5	4~5	4~5	5	4	蓝色
马钱苷元	蚕丝	4~5	4	4	4	4	棕黄色
	羊毛	4~5	4	4	4	4	棕黄色
	皮革	4~5	4	4	4	4	棕黄色
	裘皮	4~5	4	4	4	4	棕黄色
	白发	4~5	4	4	4	4	棕黄色
橄榄苦苷苷元	蚕丝	4~5	4~5	4	4	4	黄色
	羊毛	4~5	4~5	4	4	4	黄色
	皮革	4~5	4~5	4	4	4	黄色
	裘皮	4~5	4~5	4	4	4	黄色
	白发	4~5	4~5	4	4	4	黄色

续表

染料种类	蛋白质纤维种类	耐皂洗色牢度/级		耐摩擦色牢度/级		耐日晒色牢度/级	颜色
		褪色	沾色	湿摩	干摩		
鸡屎藤苷苷元	蚕丝	4	4	4	4	4	紫色
	羊毛	4	4	4	4	4	紫色
	皮革	4	4	4	4	4	紫色
	裘皮	4	4	4	4	4	紫色
	白发	4	4	4	4	4	紫色
獐牙菜苦苷苷元	蚕丝	5	4~5	4	4~5	4	淡黄色
	羊毛	5	4~5	4	4~5	4	淡黄色
	皮革	5	4~5	4	4~5	4	淡黄色
	裘皮	5	4~5	4	4~5	4	淡黄色
	白发	5	4~5	4	4~5	4	淡黄色
龙胆苦苷苷元	蚕丝	5	4~5	4~5	4~5	4	亮黄色
	羊毛	5	4~5	4~5	4~5	4	亮黄色
	皮革	5	4~5	4~5	4~5	4	亮黄色
	裘皮	5	4~5	4~5	4~5	4	亮黄色
	白发	5	4~5	4~5	4~5	4	亮黄色

（二）环烯醚萜类天然活性染料染色再生蛋白质纤维

环烯醚萜类作为活性染料染色天然蛋白质研究较少，更无其对再生蛋白质纤维染色的研究。所以，研究开发环烯醚萜类染料染色再生蛋白质纤维染色意义重大。以6种环烯醚萜天然染料（京尼平、马钱苷元、龙胆苦苷苷元、橄榄苦苷苷元、獐牙菜苦苷苷元及鸡屎藤苷苷元）对再生蛋白质纤维（大豆蛋白、牛奶蛋白、花生蛋白、玉米蛋白、蚕蛹蛋白纤维）进行染色为例，其染色条件均为染料质量分数为5%，温度50℃，pH为5，时间为120min。6种环烯醚萜天然染料均能染色这5种再生蛋白质纤维，产生稳定的颜色。染色再生蛋白质纤维呈现蓝黑、棕黄、黄等不同颜色，染色再生蛋白质纤维的色牢度均很好（表4-2）。可见环烯醚萜类活性染料可以开发为再生蛋白质纤维的染色材料。

表 4–2　环烯醚萜类天然活性染料染色再生蛋白质纤维的各项色牢度

染料种类	再生蛋白质纤维种类	耐皂洗色牢度/级		耐摩擦色牢度/级		耐日晒色牢度/级	颜色
		褪色	沾色	湿摩	干摩		
京尼平	花生蛋白纤维	5	4~5	4~5	5	3	蓝黑色
	玉米蛋白纤维	5	4~5	4~5	5	3	蓝黑色
	大豆蛋白纤维	5	4~5	4~5	5	3	蓝黑色
	蚕蛹蛋白纤维	5	4~5	4~5	5	3	蓝黑色
	牛奶蛋白纤维	5	4~5	4~5	5	3	蓝黑色
马钱苷元	花生蛋白纤维	4~5	4	4	4~5	3~4	紫色
	玉米蛋白纤维	4~5	4	4	4~5	3~4	紫色
	大豆蛋白纤维	4~5	4	4	4~5	3~4	紫色
	蚕蛹蛋白纤维	4~5	4	4	4~5	3~4	紫色
	牛奶蛋白纤维	4~5	4	4	4~5	3~4	紫色
橄榄苦苷苷元	花生蛋白纤维	4~5	4	4	4~5	3~4	棕黄色
	玉米蛋白纤维	4~5	4	4	4~5	3~4	棕黄色
	大豆蛋白纤维	4~5	4	4	4~5	3~4	棕黄色
	蚕蛹蛋白纤维	4~5	4	4	4~5	3~4	棕黄色
	牛奶蛋白纤维	4~5	4	4	4~5	3~4	棕黄色
鸡屎藤苷苷元	花生蛋白纤维	4~5	4	4	4	3	紫红色
	玉米蛋白纤维	4~5	4	4	4	3	紫红色
	大豆蛋白纤维	4~5	4	4	4	3	紫红色
	蚕蛹蛋白纤维	4~5	4	4	4	3	紫红色
	牛奶蛋白纤维	4~5	4	4	4	3	紫红色
獐牙菜苦苷苷元	花生蛋白纤维	5	4~5	5	5	3~4	淡黄色
	玉米蛋白纤维	5	4~5	5	5	3~4	淡黄色
	大豆蛋白纤维	5	4~5	5	5	3~4	淡黄色
	蚕蛹蛋白纤维	5	4~5	5	5	3~4	淡黄色
	牛奶蛋白纤维	5	4~5	5	5	3~4	淡黄色
龙胆苦苷苷元	花生蛋白纤维	5	4~5	5	5	3	黄色
	玉米蛋白纤维	5	4~5	5	5	3	黄色
	大豆蛋白纤维	5	4~5	5	5	3	黄色
	蚕蛹蛋白纤维	5	4~5	5	5	3	黄色
	牛奶蛋白纤维	5	4~5	5	5	3	黄色

第五章　天然染料的开发

第一节　天然染料的资源开发现状

我国幅员辽阔,天然染料资源(主要是植物资源)十分丰富,试验研究表明,可应用的染料至少有上千种,这些天然染料除染色功能外,还具有一定的保健功能。其中有些已被古人成功应用,有许多还未被开发。但据《染料索引》统计,真正具备应用价值的天然染料只有 92 种(其中黄色 28 种、黑色 6 种、红色 32 种、棕色 12 种、橙色 6 种、蓝色 3 种、绿色 5 种)。主要原因是天然染料很难作为主流产品以规模化和标准化生产。天然染料原料供应困难,动植物中色素含量较低,大量猎取、采摘和砍伐,会破坏生态环境,经济成本高;还有就是应用性能上的局限性,如给色量低、染色时间长、色牢度差和使用的媒染剂污染环境等,难以支持现代纺织工业生产使用。即使有这些问题,也不会影响天然染料发展的前景。合理开发天然染料资源,利用新方法提取天然染料,开发新型媒染剂取代传统重金属媒染剂,尝试用天然染料染色合成纤维等举措,是天然染料商业化逐渐替代合成染料、开发高附加值的绿色产品的有效途径。

一、天然植物染料资源

天然染料资源以植物为主,如茶叶、中药、木本植物、草本植物、水果、蔬菜等。从这些人工种植的植物、农副产品的废弃物及野生植物中提取天然染料,经济划算,开发价值高。

（一）茶叶

茶叶是天然植物染料中一个大的门类，所有茶类均可作为染料，是我国南方重要的经济作物，年产量约为68万吨，占世界第二位，分为绿茶、红茶、乌龙茶（青茶）、白茶、黄茶、黑茶六大类。茶叶是由中国人最早发现并栽培利用的，至少有3000年历史，是中国对人类世界所做的重要贡献之一。茶叶富含茶多酚，由30多种酚类物质组成。化学结构可分为儿茶素、黄酮类物质、花青素和酚酸四大类，可溶性色素儿茶素约占茶多酚总量的70%，色素易溶于水、乙醇、低浓度乙酸等极性溶液。茶多酚氧化后形成茶红素、茶黄素和茶褐素，发酵时间长的茶叶染色后的效果更佳。茶染原料一般在5~7月采集较好（由于茶叶价格比较高，所以做染料使用的茶叶一般选用茶的老叶、茶叶末、陈茶等价值稍低的原料）。茶叶染料的提取方法多种多样，其中最环保经济的是水萃取法。常温下，萃取液可以保存3个月。不同的方法其提取的温度及pH不同，所提取的染液染色得色率也不相同。蜡染、扎染、灰缬、夹缬、手绘等都可以用于茶染技艺。媒染剂可用白矾、蓝矾、皂矾。可用于丝、毛、棉、麻等天然纤维及黏胶、天丝、莫代尔等再生纤维，甚至用于涤纶、锦纶、维纶等合成纤维染色，对混纺、交织纤维织物也有极好的染色效果。茶染料来源丰富，提取简单，渗透力极强，色泽柔和，色牢度好，还有较强的抗菌保健功能。通过茶叶与其他植物染料配合染色，可以弥补有些植物染料色牢度较差的弱点。如茶叶与栀子拼色，色彩不仅艳丽，色牢度明显提高；与靛蓝套染出的绿色别有一番风味；与红花、苏木配合，色彩稳重，别具一格。茶染有很大的发展空间，手工染色和用于工业化均可，可开发高档抗菌保健纺织品，如婴幼儿用品、床上用品、内衣、装饰织物及艺术品类等。

（二）中药

中草药天然染料的选材来源广泛，大部分中草药同时可以用来做植物染料。目前，已经开发的中草药染料并不多，有药典和本草文献记载的只有茜草、红花、郁金、蓼蓝、姜黄、栀子、苏木、皂荚、五加皮、紫草、大血藤、光叶菝葜、橘红、葡萄、金缨子等15种染色植物。主要原因是有些中草药价格较高，由于原材料的产地、收购或采集时间、提取的时间及方法不同，色素会有很大的差异，选材标准无法统一。中草药植物染色材料及染色纺织品市场需求量巨大，除以上15种植物以外，如黄酮类的槐花、杨梅等；生物碱类的黄连、黄柏等；蒽醌类的大黄、胡桃、指甲花等；苯并吡喃类的飞燕草、矢车菊等；环烯醚萜类的栀子苷、龙胆苦苷等，发展前景广阔。

（三）木本植物

木本植物是染料的主要来源之一，如栀子、乌桕、松树、柏树、茶树、木槿、牡丹、玫瑰、蔷薇、石榴、银杏、紫薇等都是木本植物，有的是皮、根、枝、叶，有的是花、果实以及芯材。这些木本植物材料只要有色素，并能用于纺织品染色都可以采用。木本植物资源十分有限，过量开发会造成生态环境的破坏。不能为获取染料而以破坏生态为代价，避免砍伐生长期的树木，对砍伐后的树木进行分类收集，正常修剪的枝叶用做染材，即可变废为宝，又保护环境，为天然染料材料来源。

（四）草本植物

草本植物是丰富的可再生资源，在日常生活处处可见，许多可作为染料材料。除了正常种植的如红高粱、向日葵、辣椒、茄子等，常见的草本植物花卉如凤仙花、万寿菊、一串红、菊花、荷花、风信子、金盏菊、孔雀草、麦门冬等，还有野生的杂草，如葎草、荩草、飞机草、飞燕草、鸭跖草等。种类繁多，生长迅速，有利于大面积种植，不会破坏生态环境。如果将其变废为宝，变害为宝，作为染材首选，不仅生产成本低，且经济效益较高，还保护了环境，具有巨大的开发潜力。

（五）水果

水果（果皮、果叶、果壳、果渣）中含有天然色素，也是天然染料的主要来源之一。色素存在于果皮中的如越橘果皮、菠萝皮、火龙果皮、石榴皮、葡萄皮等；在果壳中的如荔枝壳、核桃壳、桂圆壳、山竹果壳等；在果叶中的如柿子叶、草莓叶、葡萄叶等；在果渣中的如沙棘果渣、黑加仑果渣、山葡萄果渣等，大多数是废弃物，完全可以用来做染料的原材料。水果染料染色纺织品适用范围较广，可以染丝、毛、棉、麻、莫代尔、天丝、竹纤维等多种天然纤维和再生纤维素纤维。

染色产品的颜色、光泽、手感拥有很大优势，织物表面还会形成一层天然性果胶，有亲肤、吸湿和透气的特性，特别适合做婴幼儿服装和内衣，甚至于应用在品牌时装和高级定制领域。水果染是一种低能耗、极环保的绿色生态产业创新，目前还未有覆盖应用在所有纺织产品中，相信未来对生态发展的贡献将不可估量。

（六）蔬菜

蔬菜种类繁多，色彩缤纷，是天然染料的巨大资源，如番茄、辣椒、紫苏、苋菜、红甜菜、甘蓝、茄子皮、甘薯、洋葱、菠菜、胡萝卜、南瓜等。我国是蔬菜生产大国，在收获及加工等前期环节会产生大量的蔬菜垃圾。这些垃圾处理不好，既会污染环境，又会影响人体健康。将这些蔬菜废弃物，如红薯叶、茄子皮、丝瓜叶、洋葱皮、紫菜头和大部分蔬菜汁等变废为宝，作为染材原料，通过特殊技术做成的纯天然的染料，可以大大降低染料成本，染出来的衣服颜色清新，不易褪色，健康环保，提高了农业的综合效益，具有重要的意义。随着人们生活水平的提高和安全意识的增强，加强工厂与农户合作，更多地从蔬菜及农产品废弃物中提取染料，可以拓宽植物染料的提取途径，不断丰富材料资源，实现天然染料规模化、产业化，将会有巨大的市场潜力。

二、微生物染料资源

微生物染料主要是利用一些细菌、霉菌和真菌中的色素染色，种类不多。

（一）利用细菌中的色素染色

这部分细菌色素属于非病原菌，如詹森杆菌蓝紫霉色素，是从蚕丝废料中培育出的细菌，主要菌种是紫色杆菌素或脱氧紫色杆菌素，不仅可用于染色天然纤维棉、麻、丝、毛，也可以染色合成纤维涤纶、锦纶等。

（二）利用霉菌中的色素染色

这部分霉菌典型的如红曲霉色素、紫色链霉菌等，是优质的天然色素，安全无毒，对蛋白质着色力强，赋予丝绸、羊毛等织物美丽的颜色，染色织物还具有良好的色牢度。

（三）利用真菌中的色素染色

真菌是微生物染料主要的染材之一，如掌状革菌、彩孔菌、丝膜菌、粗毛纤孔菌、牛肝菌、黑毛桩菇等大型真菌等均可作为天然纤维织物染料。

三、天然染料矿物资源

矿物染料只是天然染料中的很小一部分，如朱砂、赭石、孔雀石、白云母等。但却是出现最早的天然染料，湖南长沙马王堆汉墓中就出土有整匹用朱砂染色的织物。有色矿石随着所含成分不同，呈现黄、白、棕红、灰、淡绿色，粉碎拼混可达 20 多个色谱，其色素以单分子或离子分散状态存在，进入纤维内部。天然矿粉为着色剂，不用添加任何化学助剂，无须特殊设备，对人体和生态不会造成伤害。

四、天然染料动物资源

动物源天然染料是人类应用最早的染料，种类极少，从古至今都是如此，如贝紫、紫胶虫、胭脂虫、五倍子等。现在仍在使用的动物源天然染料基本上只有胭脂虫、紫胶虫、五倍子三个。在中国，紫色名贵众所周知，贝紫在战国时期就有应用的史料记载，但其取之不易，有臭味，染色织物长时间臭味不能消除，所以被紫草取而代之，贝紫染色实物已罕见。现代贝紫已经绝迹，紫色动物染料主要用胭脂虫、紫胶虫。胭脂虫是历史悠久和著名的宝贵天然染料资源，是近年来纺织工业最受欢迎的天然染料之一，欧洲、美国和日本是主要进口国。我国无胭脂虫自然分布，更无胭脂虫加工业，在其加工利用方面也才刚刚起步，尚处于实验室阶段。紫胶虫原产于国外，但在我国有着很长的应用历史，我国少数地区出产，其中最大的产区是云南省境内，年产紫胶几十万千克，除满足国内市场需要外，还可部分出口。五倍子是我国古代最早应用的动物染料之一，其单宁含量（其倍单宁含量达 53.41%）大于其他植物。五倍子除了常作为黑色天然染料单独使用，也可以与其他植物染料配伍，效果更好。湖北为我国主要产区。

第二节 天然染料的发展前景

目前,天然染料的用量仅1万吨,占合成染料使用总量的1%。天然染料从种植、收集、提取到应用需要时间长、收率低,平均收集率只有2%,难以满足工业化生产。许多天然染料属于中草药资源,用于提取染料不经济。为了防止天然染料的提取对自然环境造成破坏和节约资金,人们利用生物工程的方法培育出色素含量比天然植物高的紫草、茜草等多种植物,使天然染料的产量大幅度提高,摆脱了对自然界的植物的依赖。进一步研究性能优良的天然染料的品种及其合成方法,综合利用植物的叶、花、果实、根茎及其他工业生产的废料来提取天然染料,以加快天然染料的产业化进程。

在天然染料中,应用历史悠久的靛蓝是极负盛名的蓝色植物染料,取自靛草的茎叶,经发酵还原后,在棉布上可获得坚牢的蓝色。叶绿素的化学结构类似酞菁,为蜡状黑色的微小晶体,在碱性或中性条件下染色棉织物及服装可染得自然暗绿色。红曲色素是由淀粉类植物发酵而成,价格低廉,用于印染还有待进一步研究。苏木黑是用于丝绸和毛织物等染色的一种较好的黑色植物染料,还可用于棉布印花。天然染料虽不能完全替代合成染料,但它却在市场上占有一席之地。我国对天然染料的开发和利用正在积极探索研究中,制备以及染色技术已取得了非常大的成就。有能染毛、丝、棉、麻制品的天然黄、红、绿等色系的植物染料。天然染料染色的织物已经在高档面料、装饰用品等领域获得广泛应用。在工业生产中已形成生产链,我国的天然染料除了在经济生产中有广泛的使用,还多用于出口。

我国天然染料染色的工艺、技术在历史上享有盛誉,至今在许多乡村和少数民族地区还沿袭植物染色的传统。天然染料行业的发展对改善我国染料产品结构,提高我国染料产品国际竞争力发挥重要作用。应用现代科学技术开发天然染料这一宝贵遗产,提升染料植物资源利用水平,满足国内外对天然、环保及功能型纺织品日益增长需要,使天然染料染色这一古老的技艺在新形势下重新焕发青春。

一、利用生物工程培育等方法使原材料供应充足

利用生物工程方法培育植物,可以使植物细胞生长速度加快,产量大幅度提高,从而摆脱依赖自然界植物的束缚,得到性能好、产量高的天然染料,为染料工业开辟了一条新路,从而实现规模化、标准化、连续化生产。现已人工培育出茜草、紫草、花麒麟等多种植物,人工培育的干紫草中含有紫草宁 20%,而天然的紫草含紫草宁仅有 1%,可见生物工程方法培育植物对提高植物染料工业化生产的意义重大。大规模人工种植可提取色素的经济植物,可以减少单面积种植成本,利于统一管理,使染料原材料来源统一,保证了染料色相相对稳定,更减少了乱砍滥伐对自然环境的破坏。目前,已经合成的等同体染料有 8 种:茜素、胡萝卜素、假红紫素、靛蓝、橘黄色、红紫素、鞣酸素、酸性靛蓝。它们都是模仿植物色素的结构、分布、功能研发的,还可以根据染色需要对等同体进行改性。如常用的酞菁颜料的基本发色体与血红素和叶绿素相似,只是芳环结构和中心金属原子不同。靛蓝类染料与动物黑色素的基本结构接近。植物等同体染料是化学合成产物,既有合成染料的成本低、纯度高、性能稳定等特点,又具有天然染料的安全性,其原料丰富,可大规模研发生产。生物天然染料的生产技术为染色工业开辟了一条新的希望之路。

二、开发微生物作为染色材料

微生物染料是通过发酵培养(如从蚕丝废料中培育出的詹森杆菌蓝紫霉色素、稻米上培养成红曲米色素、马铃薯固体培养基中菌丝产生红色素等)产生色素,这些微生物染料通过修饰发色基团获得广泛的色谱,还具有抑菌功能。常见的曲霉菌、紫色杆菌、弧菌等已应用于染整领域中。采用生物染色方法,省去了烦琐的色素提取工艺,旨在探索一种新型生态染色方法。微生物类天然染料可通过发酵培养的方式大批量生产,具有培养周期短、生产成本低、对人体安全

无害、不受资源及环境限制等优点。微生物中的色素对美化人们的生活所起到的作用不容忽视，在顺应回归自然的需求上，一定会在纺织品、服装、家纺产品等领域拥有广阔的发展前景。

三、天然染料提取专门化及加工成半成品或成品

我国虽然是染料生产大国，但天然染料的开发和产量却很低，更无大规模化生产，远远没有达到天然染料应用所需要的各项技术指标和经济指标。我国目前有7家天然染料生产规模较大的企业，如上海洁之境染料有限公司以现代化的生产设备及监控手段为主开发天然染料；陕西盛唐植物染料有限公司可以生产植物染料20个品种；杭州彩润科技有限公司致力于高安全性、高附加值、高功能性生态环保型天然纺织材料的开发、应用，草木染已经初步形成一条完整产业链，每月加工植物染色纤维含量在20%的色纱量可以达到近100吨，产品具有独特的光谱抗菌、抗病毒和自洁功能，植物染色的纺织品色牢度达到GB 18401—2010 A类标准；郑州润帛化工有限公司是我国生产纺织品天然染料的厂家，其染料产品适合中高档及进出口纺织品面料。这些只是染料开发生产的冰山一角，远远不能满足需要，更无法替代合成染料。国内印染行业因产业不断升级和纺织品服用性能的持续发展而对新染料的需求不断提升，能够满足纺织品需求的天然染料规模化提取加工必将逐步添补染料行业市场空白。天然染料共性少、品种多，加工方法差异大、染料的批差控制难，使其生产效率低下。为了降低生产成本，提高产品档次，扩大应用范围，增加附加值，必须以规模化、标准化生产为方向进行天然染料专门化提取加工，确定合理的配方和加工工艺，对提取加工的天然染料的色光、亲水性、强度、杂质制定统一的标准，达到天然染料产业化规模，根据市场需求加工成半成品或成品，便于存储和直接应用。

四、优化染色工艺以提高产品效益

目前，我国染整行业发展较快，产能增加，品种繁多，工艺技术也不断更新。

我国染整工艺技术水平相对落后,染色工艺存在工艺烦琐、染色牢度较差、生产效率低等问题。探索具有国际先进水平的天然染料染色生态纺织品新工艺,寻找适合的媒染剂,在提高染色牢度和得色量的同时减少对环境的污染,从而提高产品质量,获得良好的效益,任重道远。天然染料染色工艺是科学、艺术、经验、技术的结合,必须向简便高效、节约资源,减少环境污染的方向发展。运用现代技术对传统天然染料染色技术的改革,符合产业化要求,削弱了纺织品对合成染料的依赖,缩短了染色工艺,改善了染色织物的色牢度和手感,消除了染整业对环境的污染,使最终染色产品生态化、生产过程清洁化,达到了提高产品效益的目的,延续了天然染料深加工纺织产业的发展。

五、开发新型功能型染料及绿色染色产品品牌

天然染料特别适合应用于开发高附加值多功能的绿色产品,用天然染料染色的织物,其发展前景非常广阔,在高档真丝织品、保健内衣、婴幼用品、家纺产品、装饰用品等方面的国内外市场需求强劲,有很大的市场空间。我国植物资源丰富,天然染料染色纺织品又是创汇商品,因而在国际市场具有较大的竞争力。同时加强对国际国内市场需求的研究,走产、学、研相结合的产品研发之路,不断开发天然染料染色新产品,赋予纺织品医疗、保健新功能,抢占纺织品产业制高点,市场潜力巨大。此外,还可开发出效果更出众的美肤美发染料、唇膏的色泽增强剂、食品着色剂、用于绘画的手绘色浆、卷烟滤嘴添加剂、食品包装业、食品印刷业等绿色产品。

(一)保健内衣制品

大黄、五倍子、栀子黄、栀子蓝、紫草、石榴皮、儿茶、茜草、桑葚等天然染料都可以作为内衣制品染料。大部分内衣、睡衣等贴身衣物对染整加工的环保生态要求较高,人们希望通过赋予内衣更多功能来达到保健的目的,绿色纺织品成为家庭健康消费的基本内容。天然染料大都有药物作用,可抗菌消炎、活血化瘀。用天然染料染色的环保面料做成的内衣,其产品的色牢度均能达到合格要求。既满足了环保、生态的生产需求,又符合健康、功能化的服用要求,将会

成为保健内衣的主力军。如决明子抗菌、防虫，茜草防流感、抑制皮肤真菌，艾蒿治皮炎、防过敏等新型内衣制品；靛蓝染色的保健服等。

（二）婴幼儿服装、用品和玩具

现在的婴幼儿产品，如衣服、玩具等很多都是采用化学染料染色。利用天然染色开发一些婴幼儿产品，不仅能更好地保护婴幼儿的身体健康，还有利于保护环境，更有助于开发一些高附加值产品。婴幼儿是最容易受伤害的群体，开拓一些新的尝试和应用，如用红色系的天然染料茜草和苏木对棉针织物进行染色，并利用天然黄土粉作为媒染剂进行媒染处理后的茜草和苏木染织品，色相纯正、柔和，且具有较高的色牢度。整个工序全部使用了绿色、天然、生态化学品，使之真正达到“零”污染，真正达到生态、安全的婴幼儿纺织品所应体现的作用。在婴幼儿服装、用品（如童毯、童袜、被褥等）及玩具上使用植物染料染色一定会受到市场欢迎，具有广阔的应用前景。

（三）新型功能纺织品

染料因其特殊成分和结构，应用于功能性纺织品，如抗菌防护服、护士服、病号服、医用口罩、紫外或红外线吸收转换服、发光服装等。护士服不拘于白色，如医疗美容专业喜欢用淡粉色、军队用草绿色、公共卫生护士用深蓝色等，病号服颜色不一，以淡色系为主，基本以清洁、整齐并利于清洗为原则。口罩是防止病毒传染人体的卫生用品，用天然染料染色，特别是本身具有抗氧化、抑菌、抗突变等药理活性的中草药染料染色的医护服装、口罩更能发挥其特殊的功能。利用生物色素在生物中的特殊功能，如绿色素将太阳能转化为化学能，从而开发功能纺织品，如用茜草、靛蓝、郁金香和红花染成的具有护肤及防过敏作用的新型织物（围巾、手帕等），可医治皮炎的艾蒿色织物等，不但安全环保，而且有自然芳香；还有紫外或红外线吸收转换服、发光服装、抗菌防护服等。

（四）家纺产品

随着人们生活水平的提高，家纺产品（床单、被罩、枕头、毛巾、居家服、地毯等）将由经济实用型向功能型和绿色环保型转化。由天然染料与传统工艺扎染、蜡染等结合染制的家纺产品（如天然茶染料或靛蓝染料蜡染的毛巾、棉布制作的床单及被罩等家纺布艺产品;用植物姜黄扎染的苎麻纤维,织造的高支轻薄织物,既凉爽又环保)必然会因符合生态环保标准和具有医疗保健功能而受到人们的喜欢。

(五)高档真丝及皮革等制品

因为丝绸穿着舒爽,所以除用作高档礼服外,绝大部分用于内衣、睡衣等贴身衣物。用于染丝绸的合成染料品种较少,有些因环保原因被禁用。天然染料中的大部分品种都可用于丝绸染色,可以解决这方面问题。如,红曲米色素染丝绸,能获得美丽的深红色,可制作高档的服装及被面、围巾等。此外,皮革、皮草等高档服饰均可采用天然染料染色,真正意义上达到纯天然、绿色环保要求。

(六)装饰用品

随着人类社会现代化程度的日益提高,人们对纺织品质量要求也越来越高,多样化、功能化、高档化成为装饰纺织产品的发展方向。天然染料染色不仅有染色的装饰功能,还有医疗效果,再与我国传统的扎染、蜡染艺术相结合并进行创新,制成屏风、桌幔、椅垫、窗帘等各种装饰用品,大大提高了产品的档次。天然染料独特的色彩,防虫、杀菌的功能,加上传统工艺的运用以及设计者的巧妙构思,增加了装饰家居效果,具有不可抵御的魅力,给人们的生活带来了艺术享受。这些天然染料扎染的产品深受国内外客商的喜爱和欢迎,产品出口率很高。

六、天然染料产品与绿色染色工艺配套进行产品开发

我国天然染料染色纺织品自主品牌少,研发创新能力差,利用先进的染色配套技术(如生物酶精炼、后处理等环保型新工艺)进行产品开发,形成完整的产业链,才能满足要求。生物酶主要应用在天然纤维的前处理加工、消除杂质和织物后整理,改善成品的染色效果和手感等。生物酶精炼、后处理等环保型新工艺,为纺织品低温染色提供绿色环保方法,节能环保,推动染整工业绿色生产技术的发展,提供了技术支撑。同时,也使天然染料在我国发展蕴含巨大的商机,为我国纺织品避开贸易壁垒出口创汇,开启了一道希望之门。

七、研发仿生染色助剂及具有特殊功能的染料进行多功能染色

仿生染色是利用生物色素的生态性、相容性和功能性进行常规染色加工，生物色素起到颜色等多种功能。如叶绿体中分子膜对叶绿素分子分布起着重要作用，这种结构对现代染色很有启示，即在纤维中引入能够与染料有结合能力的其他组分，从而增强上染力。能够研发类似叶绿素分子膜的助剂，可以极大地改善染料的结合状态，甚至使一些无法染色纤维的染料也具有染色功能，为今后染料研究指明了方向，将会推动传统染料工业乃至纺织工业的技术变革。具有特殊纳米结构（如大自然中的莲叶的防水结构）的纳米生态染料对纤维无选择性，染色牢度好，染料本身及染色过程完全符合生态要求，在印染行业应用前景广阔。纳米技术的加入能使天然染料的应用性大大增强，其将成为天然染料染色功能纺织品（防水、防油、防紫外线、防菌、变色、耐热）的重点发展技术，可加大这类绿色染料的合成技术研究。

第三节　天然染料染色

天然染料可用于天然纤维（毛、麻、丝、棉）和大部分再生纤维（再生蛋白质纤维：牛奶纤维、花生纤维、大豆纤维、蚕蛹蛋白纤维、纳米抗菌再生蛋白纤维、酪素纤维等；再生纤维素纤维：竹纤维、莫代尔、莱赛尔、黏胶纤维、富强纤维、甲壳素纤维、铜氨纤维；纤维素酯纤维：醋酯纤维、硝酸酯纤维）纺织品、服装、服饰上。部分天然染料还可以用于合成纤维染色（如指甲花在酸性条件下对锦纶 66 染色效果较好）。此外，天然染料还可以用于工艺品、皮具、竹木、藤草等纤维制品染色。

一、天然染料染色各种纤维

（一）天然纤维的染色

天然染料来自大自然，适合用于天然纤维的染色。天然纤维是纺织工业的

重要材料来源,其种类很多，棉、麻、毛、丝四种长期大量用于纺织制品。棉和麻是植物纤维,毛和丝是动物纤维。石棉称为矿物纤维,存在于地壳的岩层中,也可以供纺织应用。棉纤维的产量最多,用途很广,可供缝制衣服、床单、被褥等生活用品。可用于棉纤维染色的天然染料较多,如15g/L的茜草染料对棉织物染色效果明显,直接染色为红色,铝媒染色为深红色;10g/L的栀子黄对棉织物染色,能够达到服用要求,可得纯度较好的黄色,酸性条件下色彩较浅,碱性条件下较深。还可以将茜草和栀子黄按不同比例混合染色棉织物,实现传统棉织物的橙色系复原。羊毛和蚕丝的产量比棉和麻少得多,但却是极优良的纺织原料。用毛纤维制成呢绒,用丝纤维制成绸缎,缝制衣服,华丽庄重,深受人们喜爱。毛纤维具有压制成毡的性能,是纤制地毯的最好的原料。天然纤维与天然染料几乎是同宗同根,有很好的亲和作用,对人体有呵护保养作用(如苏枋、红花、紫草、洋葱等染料植物,也是药材,染色织物具有杀菌、保健等特殊疗效),使用天然染料对天然纤维的染色且实现工业化生产非常有发展前景。

1. 蛋白质纤维染色

天然蛋白质纤维为桑蚕丝、柞蚕丝、羊绒。丝织品的品类主要有纱、罗、绢、绫、绮、锦、绡、缎等。

(1)毛发类如绵羊毛、山羊毛、骆驼毛、兔毛、牦牛毛等。

(2)腺分泌物如桑蚕丝、柞蚕丝等。天然染料对于天然蛋白质纤维染色效果较好,栀子、姜黄、高粱红、靛蓝、红花、苏木、茶黄、紫胶、桑葚等天然染料都可对其直接染色,如表5-1所示,在蛋白质纤维上表现出丰富的色相。通常羊毛比丝绸染色颜色深,牢度好,染色牢度均可达到3级以上,铝、铁等无害金属媒染后耐皂洗色牢度会有不同程度的提高。

表5-1　不同染料直接染色羊毛结果

染料	颜色	染料	颜色
栀子黄	黄色	茜草	赭石色
姜黄	黄色	苏木	赭石色
大黄	黄色	红花	橘红

续表

染料	颜色	染料	颜色
黄芩	黄色	槟榔	肉色
黄柏	米黄色	茶叶	棕色
紫草	紫色	艾蒿	绿色
高粱红	红色	荆芥	米黄色
京尼平	青黑色	靛蓝	灰蓝
栀子蓝	灰蓝色	紫胶	紫红色
桑葚	紫红色	胭脂红	红色

天然染料在羊毛、蚕丝等天然蛋白质纤维上染色的研究和应用较为广泛，主要是由于蛋白质纤维含有氨基和羧基两种基团，在水溶液中具有两性特征，可以根据染液 pH 的变化呈现不同的离子性，还可以与大多数天然染料形成离子键结合，大大提高了天然染料在纤维上的上染百分率。此外，在蛋白质的多肽链上含有羟基、氨基、羧基等基团，而大部分天然染料分子中也都带有很多羟基、羰基。采用金属离子媒染处理时，金属离子可以同时与纤维和天然染料上的基团形成配位键结合，提高染料的上染率、染色牢度，并获得颜色的多样性。如栀子黄后媒染染色真丝的染料浓度为 10g/L，浴比为 1∶50，染浴 pH＝3.0，沸染 30min，然后降温至 70℃，加入 2g/L 的硫酸亚铁铵媒染剂再升温至沸，染色 30min，染色真丝色牢度高；栀子黄锌盐预媒染对于羊毛纤维染色效果影响较显著，预媒处理优化工艺为：6%(owf) 的 $ZnSO_4$，60℃处理 60min；栀子黄优化的壳聚糖改性羊毛染色工艺为：壳聚糖 0.5%(owf)，pH＝5，85℃处理 60min。媒染剂锌盐和改性剂壳聚糖均对羊毛纤维的染色 *K/S* 值、耐摩擦色牢度和耐皂洗色牢度有不同程度的提高作用。

2. 植物纤维染色

植物纤维主要指棉、麻等。具体包括：种子纤维（棉、木棉等）；叶纤维（剑麻、蕉麻等）；茎纤维（苎麻、亚麻、大麻、黄麻等）；竹纤维、甲壳素纤维、菠萝纤维、香蕉纤维以及上述纤维的混纺纤维等。

染料主要是通过范德瓦耳斯力和氢键结合上染纤维素纤维。而天然色素分子量较小,天然染料对纤维素纤维的亲和力小于蛋白质纤维,上染率很低。虽然通过媒染处理可以对上染百分率有所提高,但上染率还是较低。可采用染色纤维素的天然染料较多,如茶叶、姜黄、叶绿素等。茜草、红花、苏木、黄连、商陆浆果、黑米、高粱红、腐殖酸、秦皮、红刺梨、植物染料 HT-CT 染棉效果较好,靛蓝、苏木、胡桃核、胭脂红、五倍子、石榴皮等可以染麻。除个别天然染料可直接染色或通过加媒染剂染色外(以绿茶、甘蓝和紫苏媒染染色棉纤维为例,见表 5-2),一般天然染料对纤维素纤维染色直接性较小,得色量低,色牢度较差,上染率不高。天然还原染料靛蓝是纤维素纤维的传统染料,一些传统的蓝印花布、蜡染产品均采用天然靛蓝染色制得。由于靛蓝的分子量较小,其隐色体对纤维的上染百分率也不高,要染得较深的颜色,需要进行多次染色与氧化的过程才能达到需要的颜色。染色纤维素纤维织物时往往需先进行化学改性,然后进行天然染料染色,以提高染料与纤维素之间的亲和力,使天然染料牢固地固着在织物上。已有一些天然染料染色阳离子化改性后的棉纤维的研究。以胭脂虫红、叶绿素铜钠盐和栀子黄染色非反应型阳离子化改性(改性剂 BE-2 和改性剂 H)棉纤维为例,改性剂 BE-2 用量为 4%(owf),改性温度 70℃,改性时间 15min;改性剂 H 浓度为 4%(owf),浴比 1∶30,70℃保温 30min,如 1g/L NaOH 反应 20min,染色后色牢度较好(表 5-3)。板栗壳植物染料对经过壳聚糖改性后的棉染色后抗紫外线性能很好(表 5-4);栀子黄选用硫酸铝钾为媒染剂染色亚麻棉,染色方法为后媒法,媒染剂用量 2g/L,媒染温度 80℃,媒染时间 60min,硫酸钠 25g/L 可达较好的染色效果,耐皂洗牢度和耐湿摩擦牢度能达到 3 级以上。

表 5-2　绿茶、甘蓝、紫苏天然染料染色棉纤维

媒染方法	媒染剂	绿茶织物颜色	甘蓝织物颜色	紫苏织物颜色
预媒染	单宁酸	浅棕色	浅紫红色	浅紫红色
	明矾	浅黄色	浅紫红色	浅紫红色
	硫酸亚铁	灰棕色	浅紫色	浅紫红色
	稀土	棕色	浅紫红色	紫红色

续表

媒染方法	媒染剂	绿茶织物颜色	甘蓝织物颜色	紫苏织物颜色
同媒染	单宁酸	浅棕色	浅紫红色	浅紫红色
	明矾	浅黄色	浅紫红色	浅紫红色
	硫酸亚铁	灰棕色	浅紫色	紫红色
	稀土	浅棕色	浅紫红色	紫红色
后媒染	单宁酸	浅棕色	浅紫红色	浅紫红色
	明矾	黄色	浅紫红色	浅紫红色
	硫酸亚铁	灰棕色	紫色	紫红色
	稀土	棕色	紫红色	紫红色

表 5-3 胭脂虫红、叶绿素铜钠盐和栀子黄对改性棉染色的色牢度

天然染料	耐皂洗色牢度/级		耐摩擦色牢度/级	
	褪色	沾色	干	湿
叶绿素铜钠盐	3	4~5	4	3
胭脂虫红	3	4	4	3
栀子黄	3	4~5	4	3

表 5-4 板栗壳染料对改性棉染色的抗紫外线性能

棉织物	T(UVB)/%晒红段	紫外线防护指数(UPF)	T(UVA)/%晒黑段
原样	10.22	8.55	17.40
直接染色	0.43	272.15	0.64
硫酸亚铁后媒染	0.23	>500	0.22

(二)再生纤维染色

再生纤维是利用天然的纤维作为原料,经化学加工、纺丝、后处理而制得的纺织纤维。

1. 再生蛋白质纤维染色

再生蛋白质纤维作为一种新型的纺织材料,是从天然牛乳或植物(如花生蛋白、玉米蛋白、大豆蛋白、牛奶蛋白、蝉蛹蛋白等)中提炼出的蛋白质溶液经纺丝而成的,可分为再生植物蛋白质纤维与再生动物蛋白质纤维。再生蛋白纤维原料来源广泛,利用了某些废弃材料,而且其产品的废弃物可降解,有利于环境保护,是名副其实的绿色产品。再生蛋白质纤维具有良好的耐碱性,但耐酸性较差,直接染料对其具有良好的染色性能。

(1)牛奶蛋白纤维染色。牛奶蛋白纤维又叫牛奶丝、牛奶纤维,具有蚕丝般光泽和柔软手感,有较好的强度、导湿性和延伸性,是一种制作内衣的优良材料。可用天然染料姜黄、五倍子、栀子黄、紫甘薯和乌饭树叶等直接染色和媒染法染色,染色后织物 *K/S* 值较高,鲜艳度好,色牢度佳。栀子黄染料质量分数为5%,pH 为 6,80℃染色 60min 时,牛奶蛋白织物的染色性能最佳,色牢度可达 4 级;姜黄染料质量浓度为 1.4g/L,pH 为 3,80℃染色 30min 条件下,牛奶蛋白织物的得色量最大,对金黄色葡萄球菌和大肠杆菌有很好的抑菌效果;紫甘薯红色素染液质量浓度 6g/L,pH 为 3,70℃染色 60min,浴比 1∶40,媒染剂用量 3%(owf)的条件下经过黄土预媒染牛奶纤维织物,色彩红艳,上染率高,色牢度有明显的提高。

(2)大豆蛋白纤维染色。大豆蛋白纤维被称为“人造羊绒”,属于再生蛋白纤维类,是以榨掉油脂的大豆渣为原料提取球状蛋白、添加助剂和聚乙烯醇(PVA)经湿法纺丝而成,具有羊绒的柔软、蚕丝的光泽、棉纤维的舒适性,能开发内衣、外衣、袜子、服装面料、床上用品等纺织产品,可用天然染料紫草、降香、虎杖、紫苏、乌饭树叶和紫甘薯等染色。紫草天然染料直接染色大豆蛋白纤维为咖啡色,经铝、铁、铜媒染后分别为灰紫色、黑色和绿色,各项色牢度较好,抗菌抗紫外线性能也很好。虎杖染料在 pH 为 4~6,染色温度 95℃,染色时间为60min 条件下媒染染色大豆蛋白纤维得到不同的颜色,染色牢度有所提高。天然染料紫苏对大豆蛋白纤维织物具有良好的染色性能,最佳染色条件为染色温度 70~90℃,pH 为 3.5~4.0,染色时间 60min。紫甘薯红色素在浴比 1∶40,染料质量浓度 5g/L,温度 60℃,pH=3,时间 60min 条件下染色大豆蛋白复合纤维,染色牢度为 3 级,达到服用要求。

(3)蚕蛹蛋白纤维染色。蚕蛹蛋白纤维是将蚕蛹蛋白提纯配制成溶液,按比例与黏胶共混，采用湿法纺丝形成具有皮芯结构的含蛋白纤维。纤维本身呈现较深黄色，会影响纺织品色泽鲜艳度。可采用活性、酸性、中性等染料染色，在染整加工中要注意它对酸、碱的敏感性，合理制订加工工艺。

(4)纳米抗菌再生蛋白质纤维染色。纳米抗菌再生蛋白质纤维是利用无纺织价值的羊毛、牛毛、驼毛制备适合纺丝的角蛋白溶液，将蛋白溶液加入纤维素中制备纤维，在制备毛纤时，又将纳米抗菌粉体均匀分散在蛋白纺丝液中，制备的功能性蛋白纤维。采用这项技术，纤维既可制成仿羊绒型的智能相变调温和负离子广谱抗菌功能的蛋白质三维卷曲纤维，也可制成棉型的智能相变调温和负离子广谱抗菌功能的蛋白质纤维。天然染料染色后，织物的抗菌性、色牢度更好。

2. 再生纤维素纤维染色

具有代表性的再生纤维素纤维为黏胶纤维，哑光丝、人造丝、人造棉、人棉、天丝(莱赛尔)、莫代尔纤维、甲壳素纤维都属于黏胶纤维。天然染料对再生纤维素纤维亲和力较差，染色牢度低，主要是纤维素纤维在染液中呈电负性，染料阴离子在库仑斥力作用下很难通过纤维表面的扩散边界层进入纤维内部完成上染过程。

(1)黏胶纤维的染色。别名冰丝、真丝绵、莫代尔，广泛应用于服用等领域。其化学组成与棉相似，通过化学改性(如苏木染色经 DETA 改性的黏胶纤维)再进行天然染料染色，耐干摩擦色牢度和抗紫外线性能良好。天然染料大黄在莫代尔纤维上染色可得黄色，铝媒染具有良好的染色效果，耐湿摩擦色牢度较好，具有抗紫外线功能。鱼腥草染料铁预媒染色莫代尔效果较好，染色织物抗紫外线效果好。

(2)天丝的染色。天丝是纤维素纤维的一种，采用溶剂纺丝技术制得。与棉纤维和黏胶纤维染色性能一样，改性后染色效果较好。如利用胭脂红和栀子对超支化季铵盐阳离子改性剂 A[改性剂浓度 3%(owf)，pH = 7，改性时间 60min，温度 50℃]改性后的天丝染色(染色温度 60℃，时间 60min)，提高了胭脂红和栀子在天丝上的得色量，染色均匀性和染色牢度较好。

3. 再生蛋白质纤维结构与染色性能

再生蛋白质纤维截面形态呈不规则的锯齿形，蛋白质含量越高，纤维中的缝隙孔洞越多，体积越大，存在一些球形气泡；纵向形态随蛋白质含量的增加，表面光滑度下降，蛋白质含量越高，纤维表面越粗糙。再生蛋白质纤维是由蛋白质和纤维素混合的一种复合纤维，具有两种聚合物的特性。蛋白质和纤维素在纤维横截面的分布属于皮芯型结构，蛋白质包裹在纤维素的表面，采用酸性条件下高温染色，再中温碱性固色，会得到较好的同色效应和较高的固色率。

（三）合成纤维染色

合成纤维包括两类：第一类是普通合成纤维，主要有涤纶、锦纶、腈纶、丙纶、维纶、氯纶等；第二类是特种合成纤维，主要有芳纶、氨纶、碳纤维等。很多天然染料羟基较多，亲水性强，不适合疏水性强的合成纤维染色。对天然染料进行改性，降低其疏水性，提高其在合成纤维上的上染量，可以拓展天然染料对合成纤维染色的色谱范围及适用的品种。大黄、姜黄、虫胶、茜草、紫草、洋葱可用于涤纶染色。用 Chavlikodi 染料对腈纶织物染色，可得到黄棕色和暗橙色，苏木染料对采用三乙烯四胺水溶液改性后的腈纶直接染色和铁媒染色其 *K/S* 值都很高。氯化亚锡和明矾作为媒染剂时，上染率高，用硫酸铜则耐光色牢度很好。

1. 聚酯纤维（涤纶）的染色

天然染料用于合成纤维的染色十分必要。郁金、茜草、紫草、虫胶、姜黄及虎杖中的大黄素和蓼科的大黄酚均可染涤纶。洋葱在高温高压可以预媒染涤纶，茜草、紫草和大黄等天然染料的色素结构中都有蒽醌或萘醌，与分散染料的结构十分类似。大黄素、大黄酚的高温稳定性为涤纶染色提高了依据。两种色素上染三种涤纶（PLA、PTT、PET）的机理与分散染料相似，都属于 Nernst 吸附型。热力学研究表明，大黄酚、大黄素对涤纶的亲和力较高，染料吸附饱和值也很高，染料浓度达到2%时纤维的表观色深基本已达到平衡。大黄酚、大黄素染色后的三种聚酯织物耐摩擦色牢度、耐水洗色牢度都很好，耐日晒色牢度稍差；三种聚酯织物都具有良好的抗菌性，对金黄葡萄球菌的抑菌率达到 90%，大黄酚染色织物对大肠杆菌的抑菌率达到 40%，大黄素则达到 60%以上；抗紫外性也都有明显提高，已完全达到了防紫外线产品的要求。凤仙花铜媒染染色涤纶得到优异的抗菌效果；涤纶经过改性剂处理后，提高了天然染料的上染率，如表面壳聚糖接枝和低温等离子刻蚀联用改性涤纶等；此外，用绿茶、竹叶、杨梅树皮、芦荟4种染料染色涤纶织物后，绿茶、芦荟染料对涤纶织物的抗菌效果显著，茶多酚、杨梅树皮染料对涤纶织物还具有很好的消臭效果。

2. 丙烯腈纤维的染色

天然染料中唯一的阳离子染料黄檗中所含的小檗碱可以用来染丙烯腈纤维，其染色机理符合 Langmuir 吸附等温线。这表明带正电荷的染料可以和带负电荷的纤维形成离子键，使染料吸附在纤维上。天然染料胭脂红不能直接上染丙烯腈纤维，但对于用生物酶处理后的丙烯腈纤维[酶用量5%(owf)，pH=7，温度40℃，处理50h]却有一定的上染率；天然阳离子染料黄连对聚丙烯腈纤维有较好的亲和性，上染性能较好。

3. 聚酰胺纤维的染色

聚酰胺纤维统称锦纶，俗称尼龙。锦纶比涤纶染色性能更好，聚酰胺纤维中含羧基和氨基，用紫草、胡桃、胭脂树等蒽醌型天然染料染色聚酰胺纤维效果较好。紫草、胡桃染色吸附机理符合分散染料染聚酯的 Nernst 吸附型。而色素为线型离子型分子的胭脂树的染色 Langmuir 机理占优势。茜素能够染色锦纶(锦纶66)；大黄能够染色锦纶；山竹壳染料染色锦纶可以将织物的 UPF 值提高至100以上；橘子皮对锦纶铜媒染(媒染剂12%，owf)染色效果较好，*K/S* 值较直接染色显著提高，染色牢度略有提高。

(四)几种天然纤维和人造纤维的染色性能对比

以火炬树果穗染料对4种纤维——柞蚕丝、羊毛、牛奶蛋白、大豆蛋白纤维的染色性能为例，通过纤维直接染色及媒染染色的颜色特征值和染色牢度对比分析了同种染料对不同种纤维的染色效果如表5-5和表5-6所示，4种纤维具有良好的染色性能，染色纤维可获得多种颜色。直接染色和媒染染色纤维的 *K/S* 值均为羊毛>柞蚕丝>牛奶蛋白>大豆蛋白，媒染剂对染色纤维 *K/S* 值的影响大小为 Fe^{2+}>稀土>Al^{3+}>Cu^{2+}。媒染提高了纤维的染色深度和牢度，染色纤维各项色牢度较好。

表 5-5 染色纤维样品颜色特征值

媒染剂	纤维样品	L^*	a^*	b^*	c^*	H^*	K/S 值	颜色
无媒染	柞蚕丝	70.191	7.943	20.348	21.843	68.677	2.158	粉红
	羊毛	67.508	5.641	18.237	19.09	72.814	2.176	粉红
	大豆蛋白纤维	68.561	3.631	20.834	21.148	80.114	1.806	淡粉
	牛奶蛋白纤维	69.571	2.326	21.844	21.967	83.921	1.852	淡粉
硫酸铝钾	柞蚕丝	59.351	7.298	21.2	22.418	71.026	4.073	珊瑚红
	羊毛	61.439	11.512	23.362	26.045	63.763	5.419	珊瑚红
	大豆蛋白纤维	60.952	3.479	22.558	22.825	81.232	2.785	沙棕色
	牛奶蛋白纤维	59.98	5.875	19.726	20.583	73.415	3.095	沙棕色
硫酸亚铁	柞蚕丝	47.205	-0.4	12.825	12.832	91.785	5.146	墨绿色
	羊毛	47.508	2.699	11.354	11.67	76.628	5.671	墨绿色
	大豆蛋白纤维	33.916	-1.745	9.892	10.045	100.004	4.146	深橄榄绿
	牛奶蛋白纤维	34.155	0.61	8.304	8.326	85.8	4.352	深橄榄绿
硫酸铜	柞蚕丝	57.090	2.047	20.726	20.863	84.373	3.439	芦苇绿色
	羊毛	58.252	1.117	24.003	24.04	87.339	3.68	芦苇绿色
	大豆蛋白纤维	64.96	-3.214	18.002	18.287	100.124	2.157	淡绿色
	牛奶蛋白纤维	64.76	-1.118	14.97	15.011	94.271	2.498	淡绿色
稀土	柞蚕丝	52.51	8.299	18.465	20.216	65.98	4.529	琥珀色
	羊毛	53.707	12.923	18.125	22.26	54.512	5.135	琥珀色
	大豆蛋白纤维	53.863	5.686	14.445	15.524	68.514	3.502	小麦色
	牛奶蛋白纤维	54.194	3.236	11.105	11.567	73.155	3.722	小麦色

表 5-6 染色纤维样品色牢度

媒染剂	纤维样品	耐摩擦色牢度/级		耐皂洗色牢度/级		耐日晒色牢度/级
		干摩	湿摩	褪色	沾色	
无媒染	柞蚕丝	3	3	3	3	3
	羊毛	3	3	3	3	3
	大豆蛋白纤维	3	3	3	3	3
	牛奶蛋白纤维	3	3~4	3~4	2~3	2~3

续表

媒染剂	纤维样品	耐摩擦色牢度/级		耐皂洗色牢度/级		耐日晒牢度/级
		干摩	湿摩	褪色	沾色	
硫酸铜	柞蚕丝	3~4	4	3~4	4	3~4
	羊毛	3~4	4	3~4	3~4	4
	大豆蛋白纤维	3~4	3~4	3~4	3	3
	牛奶蛋白纤维	3~4	4	3~4	3~4	3~4
硫酸亚铁	柞蚕丝	4	4	4	4	4
	羊毛	4	4	4	4	4
	大豆蛋白纤维	3~4	3~4	3~4	3	3
	牛奶蛋白纤维	3~4	4	3~4	3~4	3~4
硫酸铝钾	柞蚕丝	4	4	3~4	3~4	4
	羊毛	4	4	4	4	4
	大豆蛋白纤维	3~4	3~4	3~4	3	3
	牛奶蛋白纤维	3~4	3~4	3~4	3~4	3~4
稀土	柞蚕丝	4	4	4	3~4	4
	羊毛	4	4	4	3~4	4
	大豆蛋白纤维	3~4	3~4	3~4	3~4	3
	牛奶蛋白纤维	3~4	3~4	3~4	3~4	3~4

二、天然染料及染色纺织品标准

目前,国际上对天然染料及染色纺织品尚无一个标准,行业标准及国家标准也没有,实行的参照标准是针对化学染料染色的生态纺织品标准 OEKO-TEX Standard 100,在很多方面滞后,不适合天然染料染色纺织品使用。中国纺织工业联合会标准化委员会正在组织制定“天然染料染色棉制品通用技术要求”,中国纺织工程学会团体标准委员会已着手组织制定有关天然染料的团体标准。应参考国际染料学会的文件,结合我国具体国情,严格论证,尽快制定规范的、适合消费市场的相关标准,为行业提供可遵守执行的依据,以促进天然染料产业的健康和快速发展。在确定标准主要技术性能指标时,应充分考虑天然染料生产加工的困难和消费者的利益，客观公平地对一些未能达标的伪劣产品进行辨识，减少企业和消费者的损失，提升天然染料行业的整体质量水平，同时填补行业空白，促进产业结构调整与优化升级，真正提升民族品牌的内涵品质。寻求最大的经济、社会效益，充分体现标准在技术上的先进性和经济上的合理性。标准化工作的推进将有利于天然染料染色产品的健康发展。天然染料产品属于高端产品，要有消费群体，我国生产天然染料的厂家很少，天然染料的行业标准是该行业产品对人体的安全保障，只有制定先进的、科学的、合理的、可操作的天然染料及染色纺织品标准，以指导应用和规范市场，才能真正意义上实现纺织品加工过程的绿色性及染色织物的天然性。

第四节　天然染料染色性能的提高

一、天然染料的结构改性

针对天然染料分子结构小、对光不稳定、染色后织物的色牢度低、耐日晒色牢度差的缺点，还有很多天然染料，羟基较多，亲水性强，不适合疏水性强的合成纤维染色等，对其进行化学改性，以达到提高其部分性能的目的。大部分色素与植物组织分离后失去了自然生化条件以及色素具有的活性配基，这是影响色素不稳定的主要因素。在天然花色苷活性配基上接入烷基、苯基等稳定基团可以提高色素稳定性；芳香酸和脂肪族羧酸改性以及单宁酸可增加花青素的耐热和耐光稳定性；花色素在某一 pH 下酰化较未酰化更加稳定，颜色更深；黄色系天然染料（红花黄、大黄素、栀子黄和姜黄等）可通过固色和分子改性的方法改善色牢度差和染料水溶性不佳的缺点；反应型水溶性紫外吸收剂改性、盐酸羟胺或硼氢酸钠改性姜黄素，给姜黄素上多引入两个羟基使其与纤维结合更加容易。重氮盐偶合染料分子改性姜黄素，构建新的共轭体系，提高染料分子稳定性，耐水性及耐光色牢度均有提高。姜黄素酰化改性后染色羊毛织物，改善了染色均匀性，织物色牢度也有所提高；亲水性强的天然染料红花黄色素改性（碱改性），降低其疏水性，提高其在合成纤维上的上染量，并且可以拓展其对合成纤维染色的色谱范围，对锦纶、涤纶、腈纶、醋酯纤维染色效果好；栀子黄碱性水解结构改性和复配剂复配修饰，栀子黄属于类胡萝卜素类天然染料，其长链共轭双烯结构为发色母体，也具有较高的电子云密度，光照条件下易发生氧化反应，从而裂分成分子量较小的含氧化合物，导致褪色，改性提高了耐日晒性能。此外，红米红经酸性水解改性，疏水性能增强，提高了在蚕丝和锦纶上的上染率；还原型天然染料靛蓝进行溴化处理，染色性能较好；木樨草染料中加入一定量紫外线吸收剂和抗氧化剂，可抑制紫外线对染料和织物的破坏，提高了染色织物的耐日晒色牢度；酯化剂改性桑葚红后，改性染料染色的织物色牢度增强。

（一）天然染料的羧酸改性

有机酸能使天然色素分子产生堆积作用，减少光照条件下的光氧化反应和其他类型的降解反应，从而提高色素稳定性。如红花红、高粱红经有机羧酸（对羟基肉桂酸、阿魏酸、水杨酸、芥子酸等）改性，耐光稳定性变强。

（二）天然染料的乙酯化改性

姜黄色素分子在光照条件下极易发生氧化反应使染料的发色体系遭到破坏进而分解褪色，造成染色织物的耐日晒色牢度极差，通过对姜黄素进行乙酯化与丁酯化反应，以提高其耐日晒色牢度。蒽醌类天然染料胭脂虫通过乙酯化改性，羟基转变为羰基，可降低母体结构的电子云密度，增加胭脂虫染料的分子量，提高胭脂虫染料的疏水性能，改善了胭脂虫染料的染色性能和染色牢度。胭脂虫染料乙酯化改性后染色织物表观色深变浅，且亮度增加。

（三）天然染料的纳米化

天然染料的纳米化是一个全新的研究方向，只针对很少一部分植物染料。由于其凝结的技术性、稀有性和阶段性，发展较为缓慢。应用成功的例子有，将高原金莲花内含的黄酮类化合物在不同 pH 溶液中进行纳米化改性，应用于色素（染料）敏化太阳能电池中。天然染料的纳米化有望在新产业和环保节能开发上获得进一步发展。

二、采用新型环保型媒染剂

媒染剂除了有发色效果外，还有增深、固色作用，可改善染色织物色牢度，还可以使染色织物获得不同的颜色，极大地丰富了染色织物颜色范围。春秋战国时期的山东地区就出现了以明矾、椿木灰辅助紫草的媒染技术；秦汉之前，人们已掌握了草木灰辅助靛蓝草染色织物的方法。《唐本草》里就有椿木或柃木灰作媒染剂的记载，这些树木灰里含有较多的铝盐化合物。日本历史上曾用灰汁、铁浆和明矾等为媒染剂，以灰汁为碱剂的红花染色为例，因为红花中共存的黄色色素藏在红花中，用水萃取后，再用灰汁使色素溶出。可是，纤维在灰汁中难以发生吸附，因此，要加入醋酸使其呈酸性，析出色素的同时，投入纤维染色。铁浆为茶褐色的液体，其主要成分为醋酸亚铁，铁浆的作用在于借助铁离子形成配位液体。如与单宁反应，则生成组成复杂的黑色单宁。在单宁中，焦棓酚系的较之邻苯二酚系的可提供更乌的黑色。当然，无论哪种天然染料，一度媒染得不到黑色，必须经过反复染色。明矾是钾明矾的简称，为硫酸铝与硫酸钾的复盐，用作媒染剂时，能借铝离子进行配位结合，铝离子是典型的金属离子，能形成相当稳定的六配位络合物，但因为它是外轨道型络合物，较之铁离子和铬离子那样的迁移金属离子所形成的内轨道型络合物更弱，反过来说，有媒染染色织物色相变化小、色调鲜艳的优点。如茜素染色时，茜草不加媒染剂就不易在纤维上着色，经铝媒染得鲜明的红色，坚牢度也良好。像茜草这样的媒染性染料还有很多，可作媒染剂的除明矾外也有好几种。媒染性染料和媒染剂的使用丰富了颜色品种，在染色技术上是个重大的突破。泥染由来已久，它是借泥中所含铁、铝的成分进行媒染，表现出泥所在地独特的色相。但一些传统的金属媒染剂，会造成染液废水及染色织物中媒染剂残留，对环境和人体造成危害，失去真正意义上的天然染料的“绿色性”及其染色加工过程中的“环保性”，从而逐渐受到限用。近年来，随着天然染料染色工艺和技术上的提高，环保型的媒染剂不足的问题突显出来。因此，新型媒染剂的开发迫在眉睫。现在的专家学者对于媒染剂的研究主要集中在天然媒染剂和复配媒染剂方面,这些媒染剂对提高天然染料应用标准和规模化发展、保护自然资源和生态环境具有重要意义。

(一)常用的环保型媒染剂

天然媒染剂是染色工艺中不可缺少的媒介物质。天然媒染剂来源于自然,从性质上看可分为碱性媒染剂、酸性媒染剂、蛋白媒染剂和金属离子媒染剂四大类。另外还有鞣质和鞣酸(盐肤木、诃子、没食子鞣酸)、油类(包括花生油、橄榄油、椰子油、棕榈油、磺化蓖麻油,在茜草染上土耳其红时使用)媒染剂。

(1)碱性媒染剂:草灰、木灰、石灰等天然物质。

(2)酸性媒染剂:食醋、梅汁、果汁、发酵粟米浆和柠檬酸等。

(3)蛋白媒染剂:豆浆、牛乳、牛胶、蛋清等。

(4)金属离子媒染剂:铁(铁锈水、铁浆)、铝、泥浆、黑泥、白土等。

许多天然媒染剂如橡子、石榴皮、金钟柏、迷迭香用于羊毛染色,媒染织物染色牢度与传统的金属媒染剂相同;天然的媒染剂草木灰、石灰、明矾石、白土、铁锈水、铁砂、泥浆、天然黑土、酸梅的发酵汁及醋等物不会产生公害外,多种含金属盐的化学品,如硫酸铝铵、明矾、青矾、铁矾、蓝矾、白云母、石蜡、火硝、土硝、灰硝、硫黄、黄丹(氧化铅)、醋酸铝、醋酸锡、醋酸铜、醋酸铁、醋酸铬及醋酸亚铁等或多或少都会对环境有些影响,但比起化学染料其危害却非常微小。其中铝、铜等金属盐因用量极少,且醋酸易于分解,应用十分广泛,效果也颇为明显,故仍具有使用价值。

(二)新型环保型媒染剂

许多化学媒染剂都有毒性,在安全上和废水处理上须加以考虑。为了避免天然染料染色时重金属离子对环境的污染,使用壳聚糖、CTA-Cr、新型环保单宁酸、稀土—柠檬酸络合物等作为天然染料的新型媒染剂对纤维进行染色,染色效果较好。

(1)壳聚糖媒染剂是甲壳素的脱乙酰化产物,壳聚糖主要来源虾、蟹、昆虫的外壳,资源丰富,分子中含有氨基、羟基、酰氨基,具有捕捉重金属离子的能力,又可增加纤维表面的氨基含量,与蛋白质亲和性好,助染蛋白质纤维效果好。壳聚糖分子与纤维素分子又极其相似,所以还可以应用于棉、麻等天然染料亲和性小的织物染色,赋予织物多种性能,提高了染料利用率。

(2)新型媒染剂 CTA-Cr 具有三价铬的“携铬”作用和明显的媒染功能。它以络合物形式存在于溶液中,常温下不会很快与染料进行络合物转换反应,媒染时不会造成染料在纤维中扩散不充分和染料沉淀的问题,与传统的媒染相比,对染料的选择范围和 pH 范围更宽;不会在较强的酸浴中将染料氧化;三价铬络合物的吸附率高于三价铬盐,说明其媒染效果更好;三价铬的毒性仅相当六价铬的 1%,残浴中不含六价铬,可以降低铬污染;CTA-Cr 价格低廉,染色样品泛色正常,牢度优良,有望推广应用。

(3)新型环保单宁、单宁酸、酒石酸、Mgroba-lon 媒染剂。单宁是存在于漆树、橡胶树等树木的果实、枝叶中的多酚中高度聚合的化合物。这类媒染剂较少,如樱桃李、柯子、五倍子、没食子、柿子、香蕉花瓣、葡萄皮和籽、楝树皮、石榴皮、刺槐树皮等;富含单宁成分的天然染料直接染色织物结果与金属媒染相同或优于金属媒染;特别是单宁酸有防腐剂和收敛特性,是极佳的内衣生态染料;酒石酸存在于多种植物中, 如番石榴和罗望子。

(4)稀土—柠檬酸络合物、氯化稀土等。稀土离子具有类似电解质的促染作用,与染料分子及纤维分子形成多元络合,提高染色牢度和色光稳定性,对纤维素纤维染色性能较好,能有效改善天然染料对纤维素纤维直接性小、上染率低的问题,可对棉、麻、棉麻混纺、毛、丝绸及腈纶等纤维染色。

(5)复配媒染剂根据媒染剂种类可分为天然媒染剂+天然媒染剂(单宁+石榴皮等、)、金属媒染剂+天然媒染剂(单宁+铁盐等)、金属媒染剂+金属媒染剂(铁盐+铝盐等)、天然媒染剂+酶(单宁酸+蛋白酶)等。复配媒染剂媒染效果优于一般媒染剂,如铁盐和锡盐不同比例复配大黄上染羊毛,可获得红褐色至深黄色等 54 种颜色,丰富了染色织物颜色,改善了织物色牢度。酶取代金属离子上染率显著提高,且染色过程无环境污染;柠檬酸与酒石酸氢钾复配,媒染织物可获得不同色调;单宁酸与铝盐不同比例复配媒染棉织物,可获得由浅黄色至深棕色等颜色，染色效果远远好于单一媒染剂。

（6）功能型金属媒染剂。硝酸银、氯化锌、纳米氧化锌等具有良好的紫外线屏蔽性和优越的抗菌、抑菌性能。与丝绸、纤维素等材料有很好的亲和性，添加入织物中，能赋予织物以防晒、抗菌、除臭等功能，甚至可作织物气味洁净剂、阻燃剂等。

（三）新型媒染剂的媒染性及抗菌性

媒染剂可以改变染色织物的色相，使织物得色量增加、亲水性增强，提高染料的上染百分率和染色牢度，但对染色织物的抗菌性有不同程度的影响，其中以单宁酸作媒染剂，可使染色织物的抗菌效果明显提高。

采用不同的媒染剂、在不同的媒染条件下，媒染织物可获得不同染色效果。蛋白质纤维媒染时，采用不同的媒染剂和染色条件，媒染织物可获得不同的色调，一般在酸性条件下颜色较深，在中性和碱性条件下颜色较浅；纤维素纤维染色时，采用不同媒染剂和媒染条件，媒染织物颜色不同。如苏木、介壳虫、木樨草、绿茶、茜草和板栗媒染染色棉织物，预媒染、后媒染、同浴媒染法染色织物的颜色和上染率均有差异，染色织物抗菌性能提高。以单宁酸为媒染剂，苏木金黄葡萄球菌减少 89. 01%、大肠杆菌减少 60. 32%；介壳虫金黄色葡萄球菌减少 11. 54%、大肠杆菌减少 8. 62%；木樨草金黄色葡萄球菌减少 85. 01%、大肠杆菌减少 70. 32%；绿茶金黄色葡萄球菌减少 58. 54%、大肠杆菌减少 48. 62%；茜草金黄色葡萄球菌减少 67. 22%、大肠杆菌减少 73. 41%；板栗金黄色葡萄球菌减少 40. 54%、大肠杆菌减少 50. 64%。单宁除了对金黄色葡萄球菌、大肠杆菌有抑制作用外，对肺炎杆菌、绿脓杆菌均有一定的抗菌性，且不影响织物手感与服用性能。又如，利用新型媒染剂稀土染色织物，稀土离子与羟基、偶氮基或磺酸基等形成络合物，可起到匀染和染色增深等作用，还可在提高天然染料染色牢度的同时解决环境污染的问题，使稀土能广泛应用于印染行业。

三、采用天然助剂

天然染料染色中要用到很多天然助剂，主要用于柔化蛋白质、调节酸碱度、制备铵矾等，许多天然助剂还兼有媒染、浸提等功能。中国古代天然助剂已达到很高水平，许多助剂至今仍然是纺织印染业的重要助剂。采用天然染料配合天然助剂进行各种纺织品前处理和染整，真正达到生态环保的目的，天然染料染色才能更快更好地发展。

（一）天然助剂种类

天然助剂包括植物源助剂、动物源助剂和矿物源助剂。《齐民要术》中记载有多种助剂，可用的材料种类也很丰富，如泥水、草木灰、酸石榴、醋等。其中植物源助剂的使用最为普遍。

1. 植物源助剂

这类助剂主要有麦麸、草木灰、稻草灰、粟米浆、乌梅（以上主要用于酸碱调节），胡桃核、栗子核、石榴皮、绿豆粉、生漆、糯米粉、松脂、松香粉（以上用于固色），果汁（着色剂），五倍子（还原剂），没食子（抗紫外线），黄花蒿（防止织物腐烂）。

2. 动物源助剂

这类助剂主要有鸡蛋清（浆料，上光剂）；猪血、羊血、猪胰（精练丝绸）；牛胶（浆料）；人尿（制铵矾）；骨灰和贝壳灰（酸碱调节）。

3. 矿物源助剂

这类助剂主要有石灰（固色），黄蜡和白蜡（上光、蜡光剂），盐（氯化钠，增加亮度）。

除上述三类助剂外，还有空气（氧气，氧化），维生素 C、E（增加鲜艳度）。

（二）天然助剂的性能

1. 提高染料在纤维上的染色性能

天然助剂能提高染料的上染率，使染料在织物上的色牢度明显提高。

（1）天然助剂能使染料的固色能力增强，固色后的织物色光不易发生变化。

（2）天然助剂使染料染色后织物的强力和手感不受影响。

（3）天然助剂能提高染料对纤维的亲和力，在固色中吸尽率高。

（4）天然助剂使染料进一步提高染色牢度（如耐洗色牢度）的同时，不会降低其他色牢度（如耐日晒色牢度）。

(5)天然助剂能使染料适应性更广,上染纤维的种类增加。

天然染料染色效果受染料结构的影响,天然助剂对染料的结构影响小,能够保证染料结构的同时提高染料在纤维上的固色能力。

2. 提高染料在纤维上的专用性能

染料在纤维上的专用性能主要为匀染性、增深性等。天然染料品种多,染色的工艺也不同,各类染料在不同纤维上的染色机理不同,染色牢度也不同。一些天然助剂兼有媒染和浸提作用,能够提高染料在纤维上的染色性能,可在染整中灵活运用。如氯化钠和醋,碱和明矾,亚硫酸钠、柠檬酸和明矾(助染色)中的一种或两种;红花加入乌梅水煮,用碱或稻草灰澄清得鲜艳的大红色;黄栌木染色,麻秆灰淋洗,再用碱水漂洗得很深的金黄色;黄栌木染料加入黄土可染得均匀的象牙色;莲子壳染料加入青矾可染成均匀的茶褐色;槐花染料加入青矾水可染成油绿色;苏木染料加入莲子壳和青矾可染得包头青色;苏木染料加入明矾和五倍子染成木红色;使用过的红花染料加入绿豆粉进行收藏,效果不变;黄檗染色经松香粉固色处理的棉织物,染色牢度有很大的提高。这些都是天然助剂的功劳。另外,还可在染液中加入维生素C、E及没食子酸等增加染色织物鲜艳度和抗紫外线能力,减小紫外线对织物的破坏。

天然染料与天然助剂相结合,对人体无害且具有一定疗效,提高了产品附加值,真正达到生态环保、促进环境良性发展的目的。

第五节　中药天然染料的开发

一、中药天然染料资源

中药天然染料是从生物体中提取的,与环境相容性好,可生物降解。在染色过程中,其药效活性成分和香味成分与色素一起被织物吸收,使染色后的织物具有特殊的药物保健功能,如抗菌、抗过敏、防紫外线、除臭、消炎等。随着人类环保意识的增强及对自身健康的日益重视,以中药为原料的天然染料的研究和应用大量增加。

二、中药天然染料的染色性能

中药天然染料在染色时会出现上染率低、色泽暗淡、染色牢度差等问题，可以通过媒染、拼色或套染等方法提高织物的染色性能。如中药狗脊染料在pH=4，温度60℃，时间50min，硫酸亚铁媒染剂10g/L，浴比1：60条件下后媒染真丝绸，提高了染色真丝绸的上染率，有较优的色牢度。紫胶和合欢花两种中药天然染料拼色，颜色范围可由紫红色到红棕色；紫胶和柯子两种中药天然染料拼色，颜色范围为粉红色至浅棕色；合欢花与柯子两种中药天然染料拼色得棕色、肉色和黄色。中药天然染料染色丝绸、棉布等织物，染色后织物得到不同的颜色，耐日晒色牢度能够进一步提高，较好的可达5~6级，耐洗色牢度、耐摩擦色牢度均符合市场要求。丰富了色谱，还有利于人们身体健康。

我国在天然染料的研究和应用方面已达到国际先进水平，但还停留在应用开发的层面上，原料和应用的产业化程度较低。中草药资源未得到充分开发利用，中药天然染料的应用规模和总量还很小，因此，产业化的路还很长，中药天然染料还有待实际应用价值得到更广泛的推广。

第六节　天然染料新来源

细菌、真菌、霉菌等微生物是目前天然染料替代合成染料的重要来源之一。微生物的分布广，种类繁多，但能作为纺织品染料的却很少。微生物通过发酵培养的方法可以稳定地产生大量天然色素，这些色素的发色基团还可以进一步进行化学修饰，得到更宽的色谱。微生物色素对空间和环境要求低，生产周期短，成本低廉，可以减少最多90%的染色用水量。部分微生物染料具有一定的抗菌性，在织物的整理上同样具有潜在的应用价值。相对于化学合成染料的生产过程，环境更友好；相对于植物染料，生产周期短、能耗低、重复性好，更易工业化。应用于印染行业,实现对各种化学纤维的无助剂高色牢度染色,具有很大的优势和发展潜力。可见微生物染料在纺织领域具有广阔的应用前景。

一、微生物天然染料的种类

微生物色素分为水溶性色素和脂溶性色素。色素颜色种类较多,有红、橙、黄、绿、蓝、青、紫、黑、棕等各种颜色。目前已发现可做微生物染料的有:金黄杆菌(提取黄色素)、串珠镰刀菌(提取红色镰孢菌素)、沙雷氏菌属(产生灵菌红素)、节杆菌(用于产生靛蓝)、大肠杆菌(发酵产生黑色素及合成靛蓝)、分枝杆菌(发酵合成靛蓝)、单孢菌(提取粉红色素)、蛹虫草真菌(产生橙黄色素)、紫色杆菌(产生蓝黑色的紫色杆菌素)、银杏叶内生真菌(产生山楂红色素)、紫色链霉菌(发酵产生紫色素)、黏质沙雷氏菌(产生灵菌红素)、产气弧菌(产生灵菌红素)、普城沙雷菌(产生灵菌红素)、金龟子绿僵菌(产生黄色素)、黏菌(代谢产物可分离黄色素)、红曲霉菌(合成代谢红、紫、橙和黄色素等)、蓝黑紫色杆菌(产生紫色杆菌素)、黑曲霉(曲霉属真菌,产生黑色素)、蓝色杆菌(蓝色杆菌素)、尖孢镰刀菌(产生粉紫色)、链霉菌(产生红色、黄色、橙色和紫色的染料)绿脓杆菌(产生蓝绿色绿脓菌素)、金黄葡萄球菌(发酵产生黄色素)、绿色木霉菌(产生绿色木霉黄色素)、假单孢菌(产生灵菌红素)、固氮菌(产生黑色素)、放线菌(产生黑色素)、粒毛盘菌(产生黑色素)、阿维链霉菌(产生黑色素)、南美链霉菌(产生黑色素)、交链孢霉(主要为暗黑色)、黄色短杆菌(黄色至橙色均有)、半血红丝膜菌(产生红色素)、粗毛纤孔菌(产生黑褐色至黑色色素)、掌状革菌(产生褐色色素)、彩孔菌(产生橙色,淡红褐色或淡黄褐色色素)、丝膜菌(产生浅赭色色素)、牛肝菌(产生黑色和黄色色素)、松杉暗孔菌(产生栗褐色色素)、簇生黄韧伞菇(产生黄色色素)、黑毛桩菇(产生褐色色素)、野生桑黄菌(产生黄色色素)、紫灵芝(产生紫色色素)等大型真菌。

二、微生物天然染料的染色性能

微生物的染色方法主要有萃取液染色法和菌体染色法。萃取液染色法的优点是适用范围广,易于工业化生产,缺点是提取工艺烦琐,成本较高。菌体染色法的优点是工艺简单,省时省力,易于操作,缺点是不适用于产生非水溶性色素的微生物。

(1)紫色杆菌。自然界中能产生蓝色和紫色色素的微生物比较少,天然的蓝色色素更为罕见。紫色杆菌素或蓝色杆菌素来源于受污染的蚕丝所产生的色素菌种紫色杆菌。色素安全性好,性能稳定,色泽良好,适用于蚕丝、羊毛、棉和麻等天然纤维及合成纤维锦纶等的染色。

(2)弧菌。弧菌是从海洋沉淀物中分离出来的,利用弧菌可以产生鲜艳的红色染料灵菌红素。采用超细化分散技术可以使灵菌红素色泽自然鲜艳,且具有多种抗菌生物活性。可以对羊毛、锦纶、蚕丝、腈纶和聚乳酸等纤维染色,K/S值较高,各项色牢度均在4级以上,经过水洗和皂洗,仍对革兰氏菌有较强的抗菌能力,具有很大的研发价值。

(3)黑曲霉孢子粉。从谷物、空气和土壤中可获得曲霉属真菌黑曲霉。以马铃薯葡萄糖作为液体培养基,将一定量的混合稀土加入黑曲霉孢子粉的扩大培养液中作为染料,再加入灭菌的蚕丝织物,在pH为7,30℃,时间24h的条件下进行染色,染色织物颜色较深,匀染性很好,耐日晒色牢度能够达到3级,耐皂洗色牢度和耐摩擦色牢度可达到4级以上,还可以通过孢子粉的加入量来控制织物的色泽深浅。

(4)红曲霉菌。红曲色素是由紫色红曲霉菌接种在稻米上产生的,色素成分为红斑素和红曲红素。红曲色素主要有红、紫、橙和黄等色素,不溶于水,是我国传统使用的天然色素之一,不适合对棉、麻染色,对蛋白质纤维有很强的着色力,染色效果极好,得紫红色。将培养好的红曲霉菌在28~30℃下接种扩大培养液,后加入稀土作为媒染剂,对灭菌后的蚕丝织物进行低温直接染色,染色后的天然纤维及合成纤维呈现鲜艳的深红色,染色织物的各项色牢度均能达到基本服用要求。

(5)尖孢镰刀菌。尖孢镰刀菌是从感染根腐病的柑橘树根中分离出来的,从其中筛选出能够产生粉紫色蒽醌染料的菌株,并将其应用于羊毛织物的染色。染色织物可获得亮丽的色泽,色牢度也很高,完全可达到纺织品服用性能要求。

(6)冬虫夏草菌。能够培养出6种红色萘醌类物质的冬虫夏草菌,是一种昆虫病原真菌,这些萘醌类物质的化学结构类似于商用红色颜料紫草素和紫朱草素,具有极高的热稳定性和较强的耐酸碱性、抗菌性。真丝织物经蛹虫草色素在温度70℃、pH为6~7、元明粉30g/L、时间60min的条件下染色获得很好的亮黄色,各项色牢度均在3级以上,作为红色的染料对纺织品进行染色后整理具有巨大的商业应用价值。

(7)金龟子绿僵菌。属于昆虫寄生真菌,发酵产生黄色素,可对蚕丝和羊毛染色。蚕丝染色温度为80℃,羊毛染色温度为90℃,时间都为60min。染色后蚕丝的耐摩擦色牢度为4级,耐变色色牢度为3级,耐沾色色牢度为4~5级;羊毛的耐日晒色牢度偏低,为1~2级,其余均达到4级。

(8)紫色链霉菌。属于无致病性细菌,通过发酵产生紫色素。在温度90℃,pH=10,时间为40min的最佳条件下对蚕丝织物进行直接染色,染色后蚕丝的各项色牢度均达到4级。

(9)假单孢菌。嗜麦芽假单孢菌产生的黑色素氧化吲哚合成靛蓝,靛蓝色素合成的酶主要是单加氧酶和双加氧酶。染色织物的颜色和色牢度较好。

(10)大肠杆菌。产生靛青用于染色牛仔布的染料,利用基因工程大肠杆菌菌株发酵生产黑色素将被广泛应用。染色织物的颜色较深,色牢度较好。

(11)南美链霉菌。利用链霉菌菌株进行生产,利用微生物发酵生产黑色素将被广泛应用。染色织物的各项色牢度均能达到4级。

(12)三孢布拉氏霉菌。三孢布拉氏霉菌两性菌株发酵产生β-胡萝卜素,红色精元杆菌产生类胡萝卜素。染色织物的颜色鲜艳,色牢度较好。

(13)绿色木霉菌。是由马铃薯葡萄糖培养基培养代谢出的水溶性黄色素。酸碱稳定性较好,耐热稳定性较差。可对蚕丝采用同浴媒染法(媒染剂氯化镨用量1.5g/L,pH为4,染色温度70℃)染色,织物获得较深的颜色和良好的色牢度;也可采用预媒法(媒染剂为1g/L的混合稀土,pH为4,染色温度80℃)对羊毛织物染色,染色效果较好。

(14)桑黄菌。属于药用真菌,子实体获取方便,利于工业化生产。利用子实体超细粉提取染料对蚕丝直接染色,色调为橘色偏黄,铝离子后媒染(媒染剂浓度1.5g/L,pH=4,染色温度90℃,染色时间120min)蚕丝的耐洗色牢度和耐摩擦色牢度均在3级以上,耐日晒色牢度略差,只有2级。

(15)绿脓杆菌。也称铜绿色假单孢菌,广泛分布于自然界。发酵产生蓝绿色绿脓菌素。染色织物获得较深的颜色和良好的色牢度。

(16)掌状革菌。掌状革菌呈现不同的褐色,是一种美味食用菌。染色织物的色牢度较好。

(17)粗毛褐孔菌。也称粗毛黄孔菌、槐蘑,产于我国河北、黑龙江、吉林、陕西、宁夏、新疆等地。菌肉开始时为黄褐色到锈红色,老后变黑褐色到黑色。染色织物颜色较深,色牢度较好。

(18)交链孢霉。交链孢霉是土壤、空气、工业材料上常见的腐生菌,主要分布在植物的叶子、种子和枯草上,有的是栽培植物的寄生菌。呈暗绿色、橄榄绿色,后可变成褐绿以至黑色。可以染色织物,色牢度较好。

(19)金黄色葡萄球菌。金黄色葡萄球菌也称"金葡菌",隶属于葡萄球菌属,是革兰氏阳性菌代表,也是第三大微生物致病菌,分布广泛,是一种黄色素。可以染色织物,色牢度较好。

(20)绿色木霉菌。绿色木霉在自然界分布广泛,常腐生于木材、种子及植物残体上,是一种资源丰富的拮抗微生物,发酵产生绿色木霉黄色素,可以染色织物,色牢度较好。

利用微生物发酵获取的天然色素,开发出具有保健作用的抗菌、抗紫外线、驱虫的新型多功能生态染料。与合成染料相比,微生物染料一般产量较低,有些微生物发酵过程中会产生有毒性物质,染色成功后用加热的方法杀死细菌或者直接将细菌从衣服上洗去。微生物天然染料由于其生态环保、发酵工艺成熟且产量高、生物相容性好等优点,越来越受到人们的喜爱。采用微生物染料对纺织品进行染色加工,染色工艺多样,色泽独特,显示出巨大的应用前景。

第六章　天然染料印花

第一节　天然染料新型印花工艺的研发

目前,天然染料染色应用很多,但用于纺织品印花尚未得到充分开发。天然染料的研究也多数集中于染色方法和染色产品色牢度改善方面,涉及其在印花方面的应用很少。天然染料安全、舒适、环保、健康、附加值高,在婴幼儿服饰、高档服装、家纺产品和手工艺品等方面也有一定的应用,故其印花工艺值得研究。此外,天然纺织产品市场是一个有待充分开发的巨大市场,天然环保型染料印花的重新引入,为纺织行业开拓天然印染产品新市场开辟了商业机遇。况且,现有国内的纺织品印花色彩较为单调,多为蓝、白、黑色,国外的印花色彩多采用鲜艳的颜色作为底色,所用的染料都为合成染料,环境污染严重。如何在纺织品染色过程中避免污染,充分利用天然染料资源改变传统的染色印花方法,研发新型生态染色技术成为至关重要的一项措施。天然染料在印花中的应用,甚至用于合成纤维织物的印花,制备印花新产品,对于改变环境污染,进行生态染色,生产高附加值纺织产品提供新的途径。

在当前纺织业严峻的形势面前,必须大力发展天然生态功能性纺织品。天然染料印花巨大的市场商机已经摆在我们面前,其产品必将会成为纺织服装业中的新生力量,市场前景一片光明。

一、天然染料印花新技术

天然染料印花前一般需要先提取天然染料色素,再将天然染料色素调制成印花色浆进行印花，工艺流程长，生产成本高，而生产效率却较低，不利于天然染料印花技术的推广和应用。开发天然染料一步提取和印花新技术是当前天然染料印花急需解决的难题。目前天然染料提取和印花一步加工新技术处于初步研究阶段。该技术主要是通过将天然染料提取原材料粉碎成微米或纳米级粉末，再将微米或纳米级粉末、印花原糊、pH 调节剂、印花助剂和水混合后配制成印花色浆，然后用该印花色浆对织物进行印花，印花织物经烘干、汽蒸、水洗、烘干后得到印花制品。

该技术解决了采用常规天然染料印花时存在的重金属超标、手感偏硬、色牢度不佳、印花部分颜色不深等问题。印花后汽蒸过程中实现了天然染料一步提取和印花着色加工，工艺简单可行，对天然染料原材料、助剂、织物无特殊要求，利用常规印染厂印花设备就可实现规模生产，降低了生产成本，提高了生产效率。从染料、溶剂、助剂，到面料改性，均为环保产品，整个印花过程无污染，具有广阔的应用前景。此外，通过挖掘传统印花工艺和现代染整技术相结合，开发同浆拼色印花、天然染料多套色印花等新工艺，用于满足生态印花工艺的需求，为实现天然染料印花规模化生产提供技术支撑。

二、天然染料对合成纤维织物的印花

天然染料对丝绸、羊毛等天然纤维织物的印花技术历史悠久，但天然染料应用于合成纤维织物的研究较少。近年来，人们更多的尝试用天然染料染色合成纤维。如用 Chavlikodi 染料对腈纶织物染色，可得到黄棕色和暗橙色，用氯化亚锡和明矾作为媒染剂时，上染率高，用硫酸铜作媒染剂时，耐光色牢度很好；奈醌类染料 Juglone、Alkannin 和 Bixin 染锦纶、涤纶织物的吸附等温线属于 Langmuir 型，而 Berberine 与腈纶织物之间可形成离子键；天然色素黄连素染色 Dralon 超细腈纶，平衡吸附量随温度的升高逐渐增加，其吸附类型为 Langmuir 型；染色 pH 对 Dralon 超细腈纶的染色性能影响不大，适宜的染色温度为 95～100℃，染色腈纶的 *K/S* 值随着染料用量的增加而增加；天然染料黄檗中所含的小檗碱可以用来染聚丙烯腈纤维；聚酰胺纤维中含有氨基和羧基，天然染料中的紫草、胡桃、胭脂树等适合上染聚酰胺纤维；虫胶、姜黄、洋葱、茜草、紫草和大黄等天然染料都可用于涤纶染色,这些天然染料的分子量很小,并具有疏水性,上染聚酯的机理与分散染料类似。以上所述研究结果为这些天然染料应用于合成纤维的印花提供了可行性。

下面的实验以印花织物的颜色特征值和色牢度为指标,考察天然染料对合成纤维的印花性能。旨在为开发天然染料用于合成纤维印花工艺提供一些理论依据,也为高附加值印花提供新的途径。

（一）试验设计

1. 材料、药品及仪器

(1)织物。涤纶(80g/m²,慈溪市三江化纤有限公司)、聚丙烯腈纤维(1.16~1.18g/cm³,英国考特尔公司)、锦纶(1.15g/cm³,江苏弘盛新材料股份有限公司)。

(2)染料。玫瑰花瓣、茜草,紫草、黄檗、栀子、大黄。

(3)药剂。涤纶织物预处理剂(自制)、PE—RANICE-C 吸湿剂(鲁道夫公司)、水质改良剂 C-1000(日本化药公司)、氯化铁、氯化镧、碳酸钠、氢氧化钠、明矾、硫酸铜、硫酸亚铁、柠檬酸、醋酸(以上均为分析纯,沈阳化学试剂厂),壳聚糖(浙江康兴生物科技有限公司)、苹果酸(陕西晨明生物科技有限公司)。

(4)仪器。XRITE-8400 分光光度仪(美国爱色丽有限公司);Roaches 轧车(英国);Y571L 耐摩擦色牢度仪(苏州市电子仪器有限公司);SW-12 型耐洗色牢度试验机(江西贝诺仪器有限公司);HH-6 数显恒温水浴锅(江苏金坛市荣华仪器制造有限公司);Mimaki JV-l8O 数码印花机(日本 Mimaki 有限公司);DZ-3 视频变焦显微镜(日本 Union 公司);Metfier Toledo 320 pH 计(梅特勒—托利多仪器有限公司);CE-7000A 纺织品测色配色仪(美国 X-Rite 公司)。

2. 织物预处理

(1)涤纶织物。吸湿整理剂浓度选用 6%,浴比 1∶30,pH=4.5,温度 90℃,时间 50min,涤纶织物吸湿整理剂处理后水洗,最后 50℃烘干。

(2)聚丙烯腈纤维。水质改良剂 C-1000 浓度 1g/L,非离子活性剂 2g/L,浴比 1∶30,温度 80℃,时间 30min,处理后水洗,最后 50℃烘干。

(3)锦纶。

①前处理。首先将纯碱和渗透剂溶于水以配制去油剂溶液,纯碱用量 1~

20g/L，渗透剂用量1~5g/L，浴比1:(10~50)；再将锦纶织物放入去油剂溶液中，并在低微波功率200~400W下浸渍5~30min，然后在微波功率200~900W下浸渍1~8min，水洗，烘干；最后将上述处理过的一定质量的锦纶织物浸渍在无水乙醇中，浸渍时间5~50min，然后取出织物，去除锦纶织物上的乙醇；

②对前处理过的锦纶织物进行染色预处理。处理试剂为壳聚糖、苹果酸、柠檬酸和醋酸混合液；室温下，将苹果酸、醋酸、柠檬酸按照1:2:(10~30)的比例混合后溶于水，将一定量的壳聚糖充分溶解于上述溶液，形成预处理溶液，将锦纶织物浸渍于预处理溶液中，置于微波炉1~10min，利用微波对锦纶织物进行预处理，微波功率200~900W，加热时间1~10min，水洗，最后50℃烘干。

3. 印花色浆制备

(1)玫瑰花瓣印花色浆。将25g玫瑰花瓣天然染料粉末(粒径为0.1~5μm)、35g淀粉糊、0.5g碳酸钠、1g硫酸亚铁、38.5g水搅拌均匀，即成印花色浆。

(2)茜草印花色浆。将质量分数6%的茜草根粉体(粒径为0.1~5μm)、质量分数1%的PTF增稠剂、质量分数93%的黏合剂UDT混合后，于25℃条件下以150r/min的转速搅拌25min，使其分散均匀，再以800r/min的转速搅拌60min，静置，形成印花色浆(媒染试验时加入按糊料重量计的12%明矾)。

(3)黄檗印花色浆。将浓度5%的黄檗染料5.0mL、龙胶5.0g(浓度250g/L)，无甲醛印花固色剂1.0mL，媒染剂(10%明矾、1.5%硫酸铜或2%硫酸亚铁任意一种，按糊料质量计)投入烧杯中搅拌12h，即得印花色浆。

(4)姜黄印花色浆。将38g水、5g姜黄天然染料粉末(粒径0.1~5μm)、5g柠檬酸、50g淀粉糊(浓度6%)、2g氯化铁搅拌均匀，即成印花色浆。

(5)紫草印花色浆。将质量分数为6%的紫草粉体(粒径为150nm)、质量分数为1%的PTF增稠剂、质量分数为96%的黏合剂UDT混合，于30℃下以220r/min的转速搅拌20min，再以1000r/min的转速搅拌25min，即得印花色浆(媒染试验时加入按糊料重量计的12%明矾)。

(6)黄栀子印花色浆。将36g水、20g栀子天然染料粉末(0.1~5μm)、1g盐酸、38g羧甲基纤维素、5g氯化镧搅拌均匀，即成印花色浆。

4. 印花

用筛网印花法将色浆分别在锦纶、涤纶和腈纶织物上印花。

5. 后处理

(1)玫瑰花瓣印花色浆印花后的锦纶织物经烘干,120℃汽蒸25min,水洗,烘干后得到印花制品。

(2)茜草印花色浆印花后的涤纶织物经烘干,110℃汽蒸35min,水洗,烘干后得到印花制品。

(3)黄檗印花色浆印花后的腈纶织物经烘干,120℃汽蒸30min,水洗,烘干后得到印花制品。

(4)姜黄印花色浆印花后的涤纶织物经烘干,110℃汽蒸30min,水洗,烘干后得到印花制品。

(5)紫草印花色浆印花后的涤纶织物经烘干,120℃汽蒸30min,水洗,烘干后得到印花制品。

(6)黄栀子印花色浆对锦纶织物进行印花时,印花织物经烘干,170℃汽蒸15min,水洗,烘干后得印花制品。

6. 染色性能测试

(1)印花织物表观颜色深度(*K/S*值)测定。印花织物折叠2层,在测色配色仪上测量染色织物的表观颜色深度*K/S*值,测色光源D65,10°视场角。

(2)耐摩擦色牢度测定。依据GB/T 3920—2008《纺织品　色牢度试验　耐摩擦色牢度》进行测试。

(3)耐洗色牢度测定。依据GB/T 3921—2008《纺织品　色牢度试验　耐皂洗色牢度》进行测试。

(4)染色织物耐日晒色牢度测定。依据GB/T 8427—2008《纺织品　色牢度试验　耐人造光色牢度:氙弧》测试织物的耐日晒色牢度。

(二)实验结果

1. 印花织物的表观颜色深度

6种天然染料采用无媒染(制备的印花色浆去除媒染剂)和同媒染印花各

纤维织物得色量见表6-1。由表6-1可知,媒染剂对黄檗和栀子的印花织物的影响较大,印花织物的 K/S 值较高;同样在锦纶织物上印花,不同种染料、媒染剂、印花织物得色量有较大区别,玫瑰花瓣印花后锦纶织物的 K/S 值小于栀子印花;紫草、茜草和姜黄印花涤纶中,紫草无媒染印花涤纶的 K/S 值较高,好于明矾媒染,也比茜草和姜黄印花涤纶织物的 K/S 值高。可见不同种染料对同种织物印花的效果有较大的差异。

表6-1　印花织物的 K/S 值和 L^*、a^*、b^* 值

天然染料	印花织物	媒染剂	L^*	a^*	b^*	K/S
黄檗	腈纶	无	72.35	14.33	64.92	6.90
		明矾	77.35	6.51	57.92	7.25
黄栀子	锦纶	无	83.98	-3.19	45.51	2.62
		氯化镧	77.92	1.75	38.39	5.41
紫草	涤纶	无	42.92	26.29	5.27	5.07
		硫酸亚铁	54.16	2.31	3.39	2.69
茜草	涤纶	无	49.92	32.05	-2.74	3.63
		明矾	49.72	39.55	-7.74	4.38
姜黄	涤纶	无	84.71	-1.79	44.27	2.63
		氯化铁	61.86	2.23	24.45	4.53
玫瑰花瓣	锦纶	无	38.05	8.41	-0.47	1.27
		硫酸亚铁	42.68	-1.02	2.38	3.15

2. 印花织物的色牢度

6种天然染料对不同合成纤维印花色牢度结果见表6-2。实验结果表明,在保证得色量的前提下,媒染剂的使用提高了合成纤维织物的印花色牢度。其中黄檗采用明矾进行同媒染的腈纶印花织物各项牢度较好,比无媒染印花织物的色牢度均提高1级以上,无论是无媒染还是同媒染耐摩擦色牢度都很高;黄栀子和玫瑰花印花锦纶中,黄栀子色牢度要好于玫瑰花瓣,黄栀子媒染后各项指标均达到4级;紫草、茜草和姜黄染色涤纶的色牢度各项指标均达到了3级以上。

与天然纤维不同，锦纶、涤纶等合成纤维的基本特点是分子结构十分紧密，吸水性很小或完全不吸水，而且纤维表面非常光滑，天然染料印花色浆不能渗入纤维内部，只是黏附在织物纤维表面。所以，其色牢度比天然纤维低。印花中，要根据实际需求合理选择印花色浆、媒染剂及配套的先进印花技术，使印花合成纤维的色牢度达到服用要求。

表6-2　印花织物色牢度

天然染料	印花织物	媒染剂	耐皂洗色牢度/级		耐摩擦色牢度/级		耐日晒色牢度/级
			褪色	沾色	湿摩	干摩	
黄檗	丙烯腈纤维	无	3	3	4	4	3
		明矾	4	4	4~5	4~5	4
黄栀子	锦纶	无	3~4	3~4	3~4	3~4	3
		氯化镧	4	4	4	4	4
紫草	涤纶	无	3	3	3~4	3~4	3
		硫酸亚铁	3~4	3~4	4~5	4~5	3~4
茜草	涤纶	无	3	3	3~4	3~4	3
		明矾	3~4	3~4	4	4	4
姜黄	涤纶	无	3	3	4	4	4
		氯化铁	3~4	3~4	4	4	4
玫瑰花瓣	锦纶	无	3	3	3~4	4	3
		硫酸亚铁	3~4	3~4	3~4	4	3~4

（三）结论

实验结果进一步说明了天然染料不仅可以在天然纤维织物（如棉、毛、麻、真丝）上印花，还可以在合成纤维（如涤纶、腈纶、锦纶）上印花。只要选择适合的媒染剂、糊料、助剂及印花技术，印花产品的得色率和色牢度完全可以达到服用要求。天然染料大规模应用于合成纤维印花一定能够实现，并且由于天然植物染料具有生态、保健等效能，从而提升了印花产品的档次，提高了纺织品的附加值。

第二节　天然染料印花织物的色牢度

织物的色牢度是印花技术应用的关键问题之一，它是印花织物服用性能中比较重要的指标。本书以茜草、五倍子、紫草、槐花、苏木、黄檗、虫胶为研究对象，对在纺织品领域应用广泛且最受消费者青睐的真丝和纯棉印花织物的色牢度进行评价，研究天然染料预媒染和同媒染对印花色牢度的影响，探究提高天然染料印花织物色牢度的方法。

一、天然染料印花色牢度实验

（一）试验设计

1. 材料、药品及仪器

（1）织物：真丝和纯棉织物。

（2）染料：茜草、五倍子、紫草、槐花、苏木、黄檗、虫胶。

（3）药剂：明矾、硫酸铜、硫酸亚铁、氢氧化钠、草酸。

（4）糊料：龙胶。

2. 织物预处理

（1）棉织物精练和退浆。印花前将织物在水中浸泡过夜，去除影响印花的天然和添加的杂质，然后在含 2g/L 皂液和 1g/L NaOH 的水浴中煮练 45min。

（2）真丝脱胶。真丝织物在含 6.75g/L 的草酸溶液中于温度 100℃ 预处理 30min，手工将织物揉捏、挤压，然后用水冲洗至草酸除净。待织物阴干后半湿态时熨平。

3. 糊料制备

250g 龙胶在 1L 水中浸泡一夜，溶胀后充分搅拌，过滤，制成澄清浆。

4. 印花色浆制备

（1）同媒染法。将浓度为 5%的染料 5.0mL、龙胶 5.0g、固色剂 1.0mL、媒染剂(10%明矾、1.2%硫酸铜或1.5%的硫酸亚铁任意一种,按糊料重量计))投入烧杯中搅拌12h,即得印花色浆。

(2)预媒染法。染料溶液、糊料和固色剂在烧杯中搅拌且保持12h。

5. 印花

用筛网印花法将色浆在真丝和棉织物上印花。

6. 后处理

印花织物经烘干、汽蒸、水洗,然后进行色牢度试验。

7. 色牢度试验

(1)耐日晒色牢度试验。印花测试样品在规定条件暴露于日光下,然后测评其褪色程度,测试方法按照GB/T 14576—2009标准。

(2)耐水洗色牢度试验:耐水洗色牢度测试按照GB/T 5713—2013标准推荐方法在耐洗色牢度试验仪上进行。

(二)实验结果

按照上述方法对天然染料印花真丝及棉织物的色牢度进行评估,结果见表6-3和表6-4。采用预媒染和同媒染法耐日晒色牢度结果相同,7种染料在棉织物上的色牢度尚好,而在真丝上的色牢度为良好。

采用预媒染法的棉织物样品耐水洗色牢度一般,真丝织物较好;而采用同媒染法的棉织物耐水洗色牢度较好,真丝织物良好。无论预媒染法或同媒染法,棉织物和真丝绸上均无沾色。因此,可以认为,同媒染法的样品耐水色牢度优于预媒染样品。在所有印花用天然染料中,黄檗色素的耐水洗色牢度优于其他的色素染料。

所有染料的预媒染印花样品的耐摩擦色牢度试验结果表明,在棉和真丝织物上变色为轻微到可忽略。所有染料的预媒染印花棉布样品耐湿摩擦色牢度为轻微沾色,耐干摩擦色牢度为无沾色。黄檗、五倍子色素在真丝织物上的耐湿摩擦色牢度为无沾色,而其他色素在真丝织物上有轻微沾色。7种染料预媒染印花真丝样品在干态均未发现沾色。同媒染样品的耐摩擦色牢度试验表明,所有染料的变色牢度优异。棉和真丝织物同媒染样品的耐干摩擦色牢度和耐湿摩擦色牢度均很好。因此,同媒染印花样品的耐摩擦色牢度优于预媒染印花样品。由此可得如下结论:棉和真丝印花采用同媒染法比预媒染法好。

研究结果表明,7 种天然染料在真丝和棉织物上印花,能够形成一定的耐水洗、耐晒和耐摩擦色牢度,可达到一般印花产品的要求。

表 6-3　天然染料预媒染印花织物色牢度

染料名称	印花织物	媒染剂	耐皂洗色牢度/级		耐摩擦色牢度/级		耐日晒色牢度/级
			褪色	沾色	湿摩	干摩	
黄檗	棉布	无媒染	3	3	3	3	3
		硫酸亚铁	3~4	3~4	4	4	3~4
		硫酸铝钾	3~4	3~4	3~4	3~4	3~4
		硫酸铜	3~4	3~4	3~4	3~4	3~4
	真丝	无媒染	3	3	3~4	3~4	3
		硫酸亚铁	4	4	4	4	3~4
		硫酸铝钾	4	4	4	4	3~4
		硫酸铜	4	4	4	4	3~4
苏木	棉布	无媒染	3	3	3	3	3
		硫酸亚铁	3	3	3~4	3~4	3
		硫酸铝钾	3~4	3~4	3~4	3~4	3
		硫酸铜	3	3	3~4	3~4	3
	真丝	无媒染	3	3	3	3	3
		硫酸亚铁	3~4	3~4	4	4	3~4
		硫酸铝钾	4	4	4	4	3~4
		硫酸铜	4	4	4	4	3~4
茜草	棉布	无媒染	3	3	3~4	3~4	2
		硫酸亚铁	3~4	3~4	4	4	3
		硫酸铝钾	4	3~4	4	4	3
		硫酸铜	3~4	3~4	4	4	3
	真丝	无媒染	3	3	3	3	3
		硫酸亚铁	4	4	4	4	3~4
		硫酸铝钾	4	4	4	4	4
		硫酸铜	4	4	4	4	3~4

续表

染料名称	印花织物	媒染剂	耐皂洗色牢度/级		耐摩擦色牢度/级		耐日晒色牢度/级
			褪色	沾色	湿摩	干摩	
虫胶	棉布	无媒染	3	3	3	3	3
		硫酸亚铁	4	4	3~4	3~4	4
		硫酸铝钾	4	4	3~4	3~4	3~4
		硫酸铜	4	4	3~4	3~4	3~4
	真丝	无媒染	3	3	3	3	3
		硫酸亚铁	4	4	4	4	4
		硫酸铝钾	4~5	4	4	4	4
		硫酸铜	4	4	4	4	4
五倍子	棉布	无媒染	3	3	3	3	3
		硫酸亚铁	3	3	3~4	3~4	3~4
		硫酸铝钾	3~4	3~4	3~4	3~4	3~4
		硫酸铜	3~4	3	3~4	3~4	3
	真丝	无媒染	3	3	3	3	3
		硫酸亚铁	3~4	3~4	4	4	3~4
		硫酸铝钾	3~4	3~4	4	4	3~4
		硫酸铜	3~4	3~4	4	4	3~4
紫草	棉布	无媒染	3	3	3	3	3
		硫酸亚铁	3~4	3~4	4	4	3
		硫酸铝钾	4	4	4	4	3
		硫酸铜	3~4	3~4	4	4	3~4
	真丝	无媒染	3	3	3~4	3~4	3
		硫酸亚铁	4	4	4	4	3~4
		硫酸铝钾	4	4	4	4	4
		硫酸铜	4	4	4	4	3~4
槐花	棉布	无媒染	2	3	3	3	2
		硫酸亚铁	3	3	4	4	3
		硫酸铝钾	3~4	3~4	3~4	3~4	3~4
		硫酸铜	3	3	3~4	3~4	3~4

续表

染料名称	印花织物	媒染剂	耐皂洗色牢度/级		耐摩擦色牢度/级		耐日晒色牢度/级
			褪色	沾色	湿摩	干摩	
槐花	真丝	无媒染	3	3	3~4	3~4	3
		硫酸亚铁	3~4	3~4	4	4	3~4
		硫酸铝钾	3~4	3~4	4	4	3~4
		硫酸铜	3~4	3~4	4	4	3~4

表 6-4　天然染料同媒染印花织物色牢度

染料名称	印花织物	媒染剂	耐皂洗色牢度/级		耐摩擦色牢度/级		耐日晒色牢度/级
			褪色	沾色	湿摩	干摩	
黄檗	棉布	无媒染	3	3	3	3	3
		硫酸亚铁	4	4	4~5	4~5	3~4
		硫酸铝钾	4	4	4	4	3~4
		硫酸铜	4	4	4	4	3~4
	真丝	无媒染	3~4	3~4	3~4	3~4	3
		硫酸亚铁	4~5	4~5	4~5	5	4
		硫酸铝钾	4~5	4~5	4~5	4~5	4
		硫酸铜	4~5	4~5	4	4	4
苏木	棉布	无媒染	3	3	3	3	3
		硫酸亚铁	3~4	3~4	4	4	3
		硫酸铝钾	3~4	3~4	4~5	4~5	3
		硫酸铜	3	3	4~5	4~5	3
	真丝	无媒染	3	3	3	3	3
		硫酸亚铁	4	3~4	4	4	3~4
		硫酸铝钾	4	4	4	4	3~4
		硫酸铜	3~4	3~4	4	4	3~4
茜草	棉布	无媒染	3	3	3	3	2
		硫酸亚铁	4	4	4	4	3
		硫酸铝钾	4	4	4	4	3
		硫酸铜	4	4	4	4	3

续表

染料名称	印花织物	媒染剂	耐皂洗色牢度/级		耐摩擦色牢度/级		耐日晒色牢度/级
			褪色	沾色	湿摩	干摩	
茜草	真丝	无媒染	3	3	3	3	3
		硫酸亚铁	4~5	4~5	4~5	4~5	3~4
		硫酸铝钾	4~5	4~5	4~5	4~5	4
		硫酸铜	4	4	4~5	4~5	3~4
虫胶	棉布	无媒染	3	3	3	3	3
		硫酸亚铁	3~4	4	4	4	4
		硫酸铝钾	4	3~4	4	4	3~4
		硫酸铜	3~4	3~4	4	4	3~4
	真丝	无媒染	3~4	3~4	3~4	4	3~4
		硫酸亚铁	4~5	4	4	4	4
		硫酸铝钾	4~5	4~5	4	4	4
		硫酸铜	4~5	4~5	4	4	4
五倍子	棉布	无媒染	3	3	3	3	3
		硫酸亚铁	3~4	3~4	3~4	3~4	3~4
		硫酸铝钾	3~4	3~4	4	4	3~4
		硫酸铜	3~4	3~4	4	4	3
	真丝	无媒染	3	3	3~4	3~4	3
		硫酸亚铁	4	4	4~5	4~5	3~4
		硫酸铝钾	4~5	4	4	4	3~4
		硫酸铜	4	4	4	4	3~4
紫草	棉布	无媒染	3	3	3	3	3
		硫酸亚铁	3~4	4	4	4	3
		硫酸铝钾	3~4	3~4	4	4	3
		硫酸铜	4	4	4	4	3~4
	真丝	无媒染	3	3	3	3	3
		硫酸亚铁	4	3~4	4	4	3~4
		硫酸铝钾	4	4	4	4	3~4
		硫酸铜	4	4	4	4	3~4

续表

染料名称	印花织物	媒染剂	耐皂洗色牢度/级		耐摩擦色牢度/级		耐日晒色牢度/级
			褪色	沾色	湿摩	干摩	
槐花	棉布	无媒染	2~3	2~3	3	3	2
		硫酸亚铁	3~4	3~4	4	4	3
		硫酸铝钾	3~4	3~4	4	4	3~4
		硫酸铜	3~4	3~4	4	4	3~4
	真丝	无媒染	3	3	3	3	3
		硫酸亚铁	3~4	3~4	3~4	3~4	3~4
		硫酸铝钾	4	4	3~4	3~4	3~4
		硫酸铜	4	4	3~4	3~4	3~4

二、天然染料印花色牢度的提升

印花方法、天然染料的选择、媒染剂的用量、蒸化温度及时间等因素对天然染料印花色牢度影响很大，媒染剂与原糊相容性及印花方法也是天然染料印花要解决的关键问题。因此，研究并解决这些问题对天然染料印花色牢度的提高具有重要意义。

（一）优化工艺技术和印花操作

印花行业的生产特点多数是小批量、多品种、多花色，尤其是一些特种印花，产品比较复杂。目前尚缺乏统一的行业标准，印花牢度一直都是行业技术难题。特别是天然染料印花工艺烦琐、时间长、效率低，印花方法及工艺参数的不合理选择导致印花织物的色牢度下降，难以达到要求的技术水平，影响了其在印花领域中的应用。随着科技的发展，很多科技人员对天然染料的印花工艺技术进行了深入研究，对影响印花色牢度因素进行了评价分析，开发了相应技术、工艺和产品。

天然染料印花工艺技术的选择对印花色牢度影响极大，印花方法及工艺参数的不合理选择导致了印花织物的色牢度下降。一些天然染料通过媒染和染料改性的方法应用于印花中，可有效提高印花织物的色牢度。如高粱红、红花黄、板栗壳色素等天然染料与吡咯烷酮羧酸钠和甘油作为吸湿剂，柠檬酸和醋酸作为酸剂，单宁酸为色牢度提高剂的生态印花工艺，替代尿素等高氨氮值助剂的印花工艺，获得了较好的印花效果；芥子酸和阿魏酸等天然有机酸对天然染料改性后，再用于真丝印花，有效地提高了耐光色牢度；将印花原糊、草酸、尿素、螯合分散剂马来酸—丙烯酸共聚物、非离子渗透剂和水混合均匀，制备媒染剂去除色浆，可以去除天然染料印花底色上的铁离子媒染剂，提高天然染料印花织物底色的白度。这些相关的研究为天然染料印花技术的推广提供了理论依据，但有关天然染料印花工艺技术的研究还需要进一步深入，比如前期研究表明，由于不同结构、不同来源天然色素的最适印花工艺条件有较大的不同，在采用不同来源天然色素进行多套色印花时，需要确定工艺条件，以实现不同天然染料的最优印花效果。

天然染料印花之后的干燥工艺对于提高色牢度，尤其是耐搓洗色牢度有着极其重要的作用。在进行高温处理时，一定要严格控制好时间和温度。时间过长和温度过高，天然染料所含色素易变性分解，达不到印花颜色要求，容易引起白色织物的泛黄现象，造成树脂薄膜损伤，致使牢度下降，甚至容易把织物焦化或浓缩。因此，天然染料色浆的印花必须要均匀、贴合要平整、预烘及热压或热轧都应控制在合适的温度与时间范围，才能确保成品质量。所以在大批量生产之前一定要进行严格的检验，选择合适的干燥工艺。此外，在印花操作中所使用的台板、网板、刮刀的形状、硬度和压力不仅影响花形的表面效果，而且对色牢度也有一定影响，关键是要控制适当的色浆用量，以免在织物表面形成的树脂薄膜过厚而影响耐洗色牢度。只有采用合理的工艺技术，优选吸湿剂和酸剂，采用生态型助剂的生态印花工艺，注重合理操作，才能保证印花的效果。

（二）选择合适的印花浆料

天然染料印花不同于其染色，不仅有染料上染问题，还有印花糊料的选择问题，特别是在使用媒染剂时糊料与金属离子的相容性问题。某些糊料遇特定的金属离子会发生絮凝现象，影响印花效果；同时，在配制色浆时，媒染剂与其他印花助剂的添加顺序会影响印花织物色相,导致织物色光重现性差,甚至影响染色牢度。Manisha Gahlot 等探究了核桃皮染料在真丝织物上的印花效果,首先,将真丝绸利用媒染剂进行印花,然后将织物浸入核桃皮染料配制的染液中进行染色,这样一来,印花部位和未印花部位呈现出不同的颜色,达到印花的效果。M. Rekaby 等对紫草、大黄等天然染料在天然纤维(如棉、毛、麻、丝)上的印花进行了探究,对原糊用量、染料浓度、媒染剂用量以及固色方式对印花产品的影响作了相应实验,发现紫草和大黄等天然染料在使用媒染剂后能够与天然纤维间有较好的染色牢度,印花效果良好,但重金属的加入却会对环境保护造成一定的负担。

选用天然染料印花适合的糊料时首先要考虑糊料与染料的相容性,在糊料中加入天然染料后不能产生沉淀,也不能影响原糊的流变性。天然染料印花需要媒染剂处理来提高耐水洗色牢度和耐摩擦色牢度,还要考虑金属离子和天然染料的相容性。相容性是衡量原糊与染料、助剂相互配伍的一项指标,它与印花效果关系极为密切。在选择媒染方法印花时,还要考虑染料对金属离子的稳定性。应选择对媒染剂稳定性好,同时对天然染料具有较高的给色性及渗透性的糊料,在实际生产中,天然染料印花产品的色牢度还受到织物的类型等因素的影响,因此,在研究色牢度的问题上,还必须分析不同材料的印花适应性。印花色浆的选择应在保证印花效果的同时,尽量做到实用而可行,减少染料浪费和媒染剂对环境的污染。随着新产品的大量涌现,印花色浆品种也在不断延伸,提高印花色牢度的新工艺也不断出现,不仅提高了纺织商品附加值和欣赏价值,更让人们感受到天然染料印花的广阔应用前景。

第七章 新型天然染料手绘和印花色浆的制备

第一节 新型天然染料手绘色浆的制备

手绘是一门古老的有传承价值的染织艺术,古代人在印花工艺发明之前采用手绘的方法装点服饰,称为“画”。商周时期已有彩绘的纺织品;到西汉,手绘服饰已达到很高水平,湖南长沙马王堆汉墓出土的多件手绘织物显示当时颜料色浆的制备工艺、黏合剂应用等方面的技术已相当完备,色浆在织物上具有较高的固着力、耐摩擦力和抗水湿力;唐朝彩绘的纺织品很普遍,并随着织染技术传播海外;宋代有了凸纹印花与彩绘相结合的工艺,印绘相结合的方法部分代替了手工描绘,提高了生产效率,也为后来染织印花工艺的盛行奠定了基础;明清时期,彩绘作为一个独立的装饰工艺门类应用于服饰装饰上;清末民初彩绘装饰已是汉族服饰装饰艺术中的特色组成部分。如今,手绘织物艺术已在世界上流行。手绘服饰品成为纺织服装市场上的新亮点,因其富有创意、独特新颖、具有良好的艺术效果而受到越来越多消费者的青睐。现在的手绘染料多为化工颜料,并且添加了有机溶剂,长期使用对人身特别是儿童身体健康有害,还会对环境造成污染,也限制了手绘服饰品的进一步发展。将天然染料与手绘服饰结合在一起,对传统天然染料制作及染色技术进行继承和改良,简单快捷地制备新型天然染料手绘色浆,再与天然助剂配合,对常见的真丝、棉、麻天然纤维以及莫代尔、天丝、一些合成纤维纺织品绘色,色彩柔和、不刺眼,绿色环保,色调牢固耐久,满足服用纺织品的要求，对人体特别是儿童的健康有益。

新型天然染料手绘色浆无毒无害，绘色产品颜色沉静柔和，具有独特的魅力。其颜色主要有红色系（主要天然染料为茜草、桑葚、胭脂虫红、苏木等）；紫色系（主要天然染料为紫草、紫胶、紫檀、落葵、野苋等）；蓝色系（主要天然染料为靛蓝、菘蓝、蓼蓝、马蓝或木蓝）；黄色系（主要天然染料为姜黄、槐米、黄芩、栀子黄、石榴皮、荩草等）；灰色或黑色系（主要天然染料为皂斗、五倍子、柯树、菱、墨水树、漆大姑、槲叶、盐肤木等）；棕色系（主要天然染料为茶、地榆、薯莨、橡木、板栗壳、桑木、楸叶、杨梅、楸叶等），拓宽了手绘产品的品种，成本低廉，绘色效果更好，具有现代工业染料无法比拟的艺术性，对于保护和传承中国的传统文化艺术具有重要作用。

本书中记载的手绘色浆制备工艺简单，只需将天然染料、植物胶、防腐剂和去离子水于常温下搅拌均匀，再用 pH 调节剂调节 pH 至 4~5 即成。色浆的黏度在 0.5~0.65Pa·s，具有较好的流畅性，渗化程度较小，完全可代替纺织品颜料，用于蛋白质纤维面料以及蛋白质的交织、混纺面料绘画。使用时，先将调制好的色浆在织物上涂画图案，晾干或烘干后得到手绘半成品。然后，使用家用的蒸锅、蒸汽熨斗或水浴锅等器具在 100℃下蒸化 15~20min 进行固着处理后，在 1.5g/L 的中性洗洁精水溶液中冷水漂洗 1min，接着用 40℃温水洗，再用冷水洗，烘干或晾干，即得到手绘制品。

一、天然染料红色手绘色浆的制备

（一）天然染料桑葚手绘色浆的制备

将 4%桑葚天然染料，3%媒染剂硫酸铝钾，加入 5%瓜尔豆胶（原糊含固率为 10%）糊料，1%的防腐剂山梨酸，加水合成 100%，醋酸—醋酸钠缓冲溶液调节 pH 为 5，搅拌均匀即得手绘色浆，密封保存。

上述糊料制备方法：取 20g 的瓜尔豆胶在快速搅拌下缓慢加入 180mL 的 60℃去离子水中，充分搅拌后，使用均质机在 4000r/min 下处理 60min，至原糊分散均匀且无气泡，放置 120min 备用（以下涉及的醚化 S-240MV 瓜尔豆胶糊料的制备皆采用此法)。

(二)天然染料茜草手绘色浆的制备

将7%茜草天然染料,3%媒染剂硫酸铝钾,加入3%增稠剂黄原胶,1%的防腐剂山梨酸钾,加水合成100%,用柠檬酸调节pH为5,搅拌均匀即得手绘色浆,密封保存。

(三)天然染料苏木手绘色浆的制备

将3%苏木天然染料,3%媒染剂硫酸铝钾,加入5%瓜尔豆胶(原糊含固率为10%)糊料,0.7%防腐剂山梨酸钠,加水合成100%,用醋酸—醋酸钠缓冲溶液调节pH为5,搅拌均匀即得手绘色浆,密封保存。

二、天然染料黄色手绘色浆的制备

(一)天然染料栀子黄手绘色浆的制备

将4%栀子黄天然染料,3%媒染剂硫酸铝钾,加入4%黄原胶,1%山梨酸钠,加水合成100%,柠檬酸调节pH为5,搅拌均匀即得手绘色浆,密封保存。

(二)天然染料槐米手绘色浆的制备

将3%槐米天然染料,3%媒染剂硫酸铝钾,加入5%魔芋胶,0.5%山梨酸钾,加水合成100%,柠檬酸调节pH为5,搅拌均匀即得手绘色浆,密封保存。

(三)天然染料姜黄手绘色浆的制备

将3%姜黄天然染料,3%媒染剂硫酸铝钾,加入5%瓜尔豆胶(原糊含固率为10%)糊料,0.8%山梨酸,加水合成100%,用醋酸—醋酸钠缓冲溶液调节pH为5,搅拌均匀即得手绘色浆,密封保存。

(四)天然染料石榴皮棕黄色手绘色浆的制备

将5%天然染料石榴皮,3.5%增稠剂瓜尔豆胶,1%固色剂硫酸铁,0.8%的防腐剂山梨酸,加水合成100%,用柠檬酸调节pH为5,搅拌均匀即得手绘色浆,密封保存。

三、天然染料紫色和棕黑色手绘色浆的制备

(一)天然染料紫草手绘色浆的制备

将质量分数为5%的天然染料紫草,3%媒染剂硫酸铝钾,加入5%瓜尔豆胶(原糊含固率为10%),1%防腐剂山梨酸钾,加水合成100%,用柠檬酸调节pH为5,搅拌均匀即得手绘色浆,密封保存。

(二)天然染料板栗壳手绘色浆的制备

将质量分数为5%板栗壳天然染料,3%硫酸铁,5%魔芋胶,1%山梨酸钠,加水合成100%,用醋酸适量调节pH为5,搅拌均匀即得手绘色浆,密封保存。

(三)天然染料五倍子手绘色浆的制备

3%天然染料五倍子,3.5%魔芋胶,3%硫酸亚铁,0.8%防腐剂山梨酸,加水合成100%,用醋酸—醋酸钠缓冲溶液调节pH为5,搅拌均匀即得手绘色浆,密封保存。

第二节　新型天然染料印花色浆的制备

印花是丰富棉、麻、真丝等纺织品色彩的最古老方法之一。在合成染料出现前的所有印花均采用天然染料,如靛蓝、茜草、红花、胭脂虫、紫草、姜黄、皂斗等曾被广泛用于印花。目前,国内的印花颜色较为单调,多为蓝、白、黑色,国外的印花色彩多采用鲜艳的颜色作为底色。天然染料加工成的印花色浆产品色泽丰富,着色力强,配色简单,无污染,能广泛地应用于纺织品的印染行业,利于形成高科技品牌产品,如服装、家纺品和手工艺品等,满足了染整绿色环保的要求。丰富的印花色彩织物,是附加值很高的时尚产品,对印染产业发展有积极的意义。我国传统的印染技术在国际上享有盛誉,面对来自全球此类产品的激增,我们应加大对天然染料的开发和利用,对丝绸、棉麻等天然优质面料进行染色印花,使其更加完美,让传统的天然染料印花产品重新回归到人们的生活中。

天然染料印花色浆主要由染料和印花助剂[增稠剂(糊料)、固色剂、分散剂、助溶剂、吸湿剂、消泡剂等]组成,其中糊料主要有海藻酸盐、淀粉、水溶性瓜尔豆胶、黄糊精、羧甲基壳聚糖、蛋白质、二甘醇、三甘醇、聚乙烯吡咯烷酮以及各种树胶、野生植物种子胶等;防腐剂采用山梨酸、山梨酸钾、山梨酸钠、脱氢乙酸、柠檬酸等;固色剂采用树脂型固色剂、无醛固色剂 KS、高脱乙酰度的壳聚糖等;pH 调节剂为氢氧化钠、碳酸钠、醋酸—醋酸钠、硅酸钠、碳酸氢钠、柠檬酸、盐酸、磷酸二氢钠、磷酸二氢钾、磷酸氢二钠、磷酸氢二钾、二乙醇胺、醋酸、乳酸、三乙醇胺、琥珀酸等;消泡剂采用乳化硅油、高碳醇脂肪酸酯复合物、聚氧乙烯聚氧丙醇胺醚等;分散剂为液体石蜡、聚乙烯蜡、硬质酸镁、硬脂酸钙等;助溶剂为苯甲酸钠、水杨酸钠、对氨基苯甲酸、乙酰胺、丙二醇、四氢呋喃二醇等;吸湿剂为氯化锂、溴化锂、尿素、丙三醇、乙醇、乙二醇、二乙二醇、甘油、吡咯烷酮羧酸钠等;黏度剂为甘油、聚乙二醇 400 等;表面活性剂为木质素磺酸钠、聚醚改性聚二甲基硅氧烷、甲基萘磺酸盐甲醛缩合物、脂肪醇聚氧乙烯醚、脂肪胺聚氧乙烯醚、脂肪酸失水山梨醇酯、脂肪酸失水山梨醇酯聚氧乙烯加成物。

本书中记载的天然染料印花色浆制作工艺流程短,所需设备少,生产成本低,资源利用率高。印制的图案轮廓清晰,印花色牢度良好,可广泛应用于纺织品的印花工艺中。制备过程主要是先提取天然染料,再将天然染料提取物(或市售的天然染料成品)粉碎成微米级或纳米级粉末,最后将超细粉体天然染料与其他组分混合,调制成印花色浆。用该印花色浆对退浆的织物进行印花,印花织物经烘干、汽蒸、水洗、烘干后得到印花制品。工艺简单可行,对天然染料原材料、助剂、织物无特殊要求,利用常规印染厂印花设备即可实现规模生产,具有广阔的应用前景。

一、天然染料红色印花色浆的制备

(一)天然染料凤仙花印花色浆的制备

将洗净干燥粉碎后的凤仙花瓣投入 50%的乙醇水溶液中,在料液比为 1∶25(g/mL),于 40℃搅拌 180min,再于 50℃下恒温浸泡一天,过滤,将滤液蒸馏浓缩，于60℃烘干，得到紫红色凤仙花提取物。在带有搅拌器的反应釜中加水60份，升温至60℃，加入35份海藻酸钠糊料[固含量5.5%(owf)]，搅拌5min后，再依次加入粒径200nm的凤仙花提取物10份、树脂型固色剂12份、氯化锂吸湿剂3份、硬脂酸镁分散剂2份、水杨酸钠助溶剂3份、乳化硅油消泡剂2份、山梨酸钾防腐剂3份，搅拌均匀成膏状，即得凤仙花印花色浆。对织物进行印花时，印花织物经烘干，100~120℃汽蒸30min，水洗、烘干后得印花制品。

上述糊料制备方法：取一定量的海藻酸钠在快速搅拌下缓慢加入60℃去离子水中，充分搅拌后，使用均质机在4000r/min下处理60min，至原糊分散均匀且无气泡，放置60min备用(以下涉及的海藻酸钠糊料制备方法皆采用此法)。

(二)天然染料苏木印花色浆的制备

将20g苏木天然染料微米级粉末(粒径为0.1~5μm)、40g羧甲基纤维素、2g醋酸、3g氯化镧、35g水调制成印花色浆，对棉织物进行印花时，印花织物经烘干，100℃汽蒸30min，水洗、烘干后得印花制品。

(三)天然染料茜草粉体印花色浆的制备

方法一：将质量分数12%的茜草根粉体(粒径为200nm)、质量分数2%的PTF增稠剂、质量分数86%的黏合剂UDT混合后，于温度28℃的条件下，以220r/min的转速搅拌20min，使其分散均匀，再以1000r/min的转速搅拌40min，静置，形成印花色浆。该印花色浆制备方法简单，成本低，无污染，可用于棉织物印花。对棉织物进行印花时，印花织物经烘干，105℃汽蒸30min，水洗、烘干后得印花制品。

方法二：在带有搅拌器的反应釜中加入水65份，升温至50℃，加入30份海藻酸钠糊料[固含量5.5%(owf)]，搅拌8min后，依次加入粒径为200nm的天然染料茜草12份，树脂型固色剂13份，吸湿剂氯化锂2份，分散剂液体石蜡3份，助溶剂乙酰胺2.5份，消泡剂乳化硅油2.5份，防腐剂山梨酸钾2.5份，搅拌成膏状，即得印花色浆。此色浆的浸透性能和流平性能较好，固色能力强，印花后织物的轮廓清晰，色彩鲜艳。对棉、丝绸织物进行印花时，印花织物经烘干，100~120℃汽蒸30min，水洗、烘干后得印花成品。

(四)天然染料灵菌红素印花色浆的制备

方法一:在反应釜中加入水62份,温度升到50℃,再加入7%壳聚糖糊料33份,搅拌8min,再依次加入粒径为200nm的灵菌红素11份,树脂型固色剂Y13份,分散剂硬脂酸镁2.5份,助溶剂对氨基苯甲酸2.8份,保湿剂氯化锂2.5份,消泡剂聚氧乙烯聚氧丙醇胺醚2.5份,防腐剂脱氢乙酸2.9份,搅拌均匀,即得印花色浆。此色浆性能稳定,印花织物的耐摩擦色牢度与耐皂洗色牢度好,抑菌效果优良。对丝绸、棉织物进行印花时,印花织物经烘干,100~120℃汽蒸30min,水洗、烘干后得印花制品。

方法二:将1份微米级粉末灵菌红素(粒径0.5~2μm)加入10份无水乙醇中,混匀后,再加入由30份海藻酸钠溶液(浓度为5%)、12.5份的尿素、1份酒石酸、0.02份木质素磺酸钠、30份蒸馏水配成的溶液,混合均匀,pH维持在5左右,调制成印花色浆。对涤纶织物印花时,印花色浆倾倒在印花版上,采用刮涂方式使其渗透在织物上,印花织物经烘干,在125℃汽蒸30min,60~70℃热水洗,再用2g/L的保险粉和1g/L小苏打于70℃下以1∶50的浴比进行还原清洗20min,然后充分水洗烘干,得到印花制品。

(五)天然染料桑葚红转移印花色浆的制备

在反应釜中加入质量分数为22%的乙醇、18.7%的乙酸乙酯、21%的异丙醇,30℃下以900r/min的转速搅拌,缓慢加入36%的醇溶性丙烯酸树脂CRB,全部溶解后,加入0.3%的柠檬酸三丁酯,以1200r/min的转速搅拌,再缓慢加入2%的桑葚红天然染料,混合充分后,转入砂磨机中进行研磨,色浆粒子控制在细度小于0.5μm,用氨水调节pH为9,加入乙醇调节色浆黏度至20Pa·s(TOYO黏度杯3号),即得红色转移印花色浆。

转移印花色浆对BOPP薄膜表面进行四色套印印花,制成转移印花薄膜;将纤维素纤维面料(全棉21英支×21英支/108×58)浸轧分子量为3000、脱乙酰度为85%的壳聚糖改性剂,然后与印花薄膜同时经过轧车加压,薄膜上的染料转移至面料上,得到印花图案;面料经102℃汽蒸5min后烘干。按照国标检测方法,花纹图案转移率达90%,印花织物皂洗原样褪色评级3~4级,皂洗沾色评级 3~4 级，耐干摩擦色牢度 4~5 级，耐湿摩擦色牢度达 4 级。

（六）天然染料火龙果果皮印花色浆的制备

将 10%的火龙果果皮粉体（粒径为 100~200nm）、92.5%的黏合剂 UDT、2%的瓜尔豆胶混合后，于 25℃的条件下在搅拌机内先以 200r/min 的转速搅拌 25min，将其混合均匀，再以 800r/min 的转速搅拌 60min，静置，形成印花色浆。该印花色浆着色力强、耐水洗、柔软性好、安全无毒。对丝绸、棉织物进行印花时，印花织物经烘干，100~120℃汽蒸 30min，水洗、烘干后得印花制品。

（七）天然染料红花印花色浆的制备

将 2g 红花色素、200g 瓜尔豆胶原糊（固含量 1.5%）、10g 柠檬酸、7g 吡咯烷酮羧酸钠、80mL 去离子水调制成印花色浆。对真丝织物印花时，印花织物经烘干，100℃汽蒸 25min，水洗、烘干后得到印花成品。

上述糊料制备方法：取一定量的瓜尔豆胶在快速搅拌下缓慢加入 60℃的去离子水中，充分搅拌后，使用均质机在 4000r/min 下处理 60min，至原糊分散均匀且无气泡，放置 60min 备用（以下涉及的瓜尔豆胶糊料制备方法皆采用此法）。

二、天然染料棕黑色印花色浆的制备

（一）天然染料樟树叶和茶叶混合印花色浆的制备

将洗净干燥粉碎后的樟树叶粉末按 1∶12（g/mL）的料液比放入水中，微波功率为 400W，70℃条件下提取 15min，即得樟树叶萃取液。将樟树叶萃取液 6 份、洗净干燥粉碎后的麻黄和茶叶各 6 份，加入 60 份水中，于 50℃条件下恒温搅拌 180min，将滤液于 70℃蒸馏浓缩、烘干。在带有搅拌器的反应釜中加水 60 份，升温至 60℃，加入 35 份海藻酸钠糊料（固含量 5%，owf），搅拌 5min 后，再依次加入粒径为 300nm 的樟树叶提取物 10 份、树脂型固色剂 Y12 份、吸湿剂氯化锂 3 份、分散剂硬脂酸钙 2 份、助溶剂苯甲酸钠 3 份、消泡剂乳化硅油 2 份、防腐剂山梨酸钠 3 份，搅拌均匀成膏状，即得印花色浆。此色浆黏度小，有良好的浸透性能和流平性能。对丝绸、棉织物进行印花时，印花织物经烘干，100~120℃汽蒸 30min，水洗、烘干后得印花制品。

（二）天然染料虎杖印花色浆的制备

将粉碎的虎杖粉末放入10倍的氢氧化钠碱溶液中（pH=8~12），于95℃条件下浸提60min后，过滤、浓缩、固化、粉碎，得粉末状天然染料。在带有搅拌器的反应釜中加水60份，升温至60℃，加入35份海藻酸钠糊料（固含量5%，owf），搅拌5min后，依次加入粒径为200nm的虎杖提取物10份、铁离子10份、树脂型固色剂Y 12份、吸湿剂溴化锂3份、分散剂聚乙烯蜡2份、助溶剂乙酰胺3份、消泡剂高碳醇脂肪酸酯复合物2份、防腐剂脱氢乙酸3份，搅拌均匀成膏状，即得印花色浆。对丝绸、棉织物进行印花时，印花织物经烘干，100~120℃汽蒸30min，水洗、烘干后得印花制品。

（三）天然染料儿茶黑转移印花色浆的制备

在反应釜中加入质量分数为20%乙醇、6.5%乙酸乙酯，40℃下以800r/min的转速搅拌，缓慢加入50%醇溶性丙烯酸树脂CRB，全部溶解后，加入0.5%的乙酰柠檬酸三丁酯，再以1500r/min的转速搅拌，再缓慢加入23%儿茶黑天然染料，混合充分后，转入砂磨机中进行研磨，色浆粒子控制在细度小于0.5μm，用氨水调节pH为9，加入乙醇调节色浆黏度至20Pa·s（TOYO黏度杯3号），即得黑色转移印花色浆。

转移印花色浆对BOPP薄膜表面进行四色套印印花，制成转移印花薄膜；将纤维素纤维面料（全棉21英支×21英支/108×58）浸轧分子量为5000、脱乙酰度95%的壳聚糖改性剂，然后与印花薄膜同时经过轧车加压，薄膜上的染料转移至面料上，得到印花图案；面料经105℃汽蒸3min后烘干。按照国标检测方法，花纹图案转移率达95%，印花织物皂洗原样褪色评级3~4级，皂洗沾色评级3~4级，耐干摩擦色牢度4~5级，耐湿摩擦色牢度达4级。

（四）天然染料鼠尾草黑色印花色浆的制备

将粒径为200nm的鼠尾草植物染料18份，醚化S-240MV瓜尔豆胶20份（固含量2%），助溶剂苯甲酸钠15份，表面张力调节剂脂肪酸失水山梨醇酯3份，pH调节剂柠檬酸4份，保湿剂四甘醇10份，杀菌剂百菌灵1.2份，DFRF-1固色剂5份，抗氧化剂1010 5份，防霉剂山梨酸钠5份，去离子水500份搅拌均匀,即得黑色印花色浆。此色浆无毒无害,染色效果好,固色能力强。对丝绸和棉织物进行印花时,印花织物经烘干后100~120℃汽蒸30min,水洗、烘干后得印花制品。

(五)天然染料核桃皮印花色浆的制备

方法一:将43g水、18g核桃皮天然染料粉末(粒径0.1~5μm)、2g盐酸、35g黄糊精、0.5g硫酸铝搅拌均匀,即成印花色浆。对蚕丝织物进行印花时,印花织物经烘干,150℃汽蒸10min,水洗、烘干后得印花成品。

方法二:将15g核桃皮微米级粉末(粒径0.1~5μm)、20g海藻酸钠、1g碳酸氢钠、0.5g硫酸铁、63.5g水混合搅拌均匀,即得印花色浆,对棉织物进行印花,印花织物经烘干后200℃汽蒸5min,水洗、烘干后得到印花制品。

(六)天然染料马齿苋印花色浆的制备

方法一:取干燥、粉碎的马齿苋粉末,按料液比1∶40(g/mL)浸泡于水中,在50℃浸渍2h,过滤浓缩,于70℃烘干,得到马齿苋棕褐色天然染料。在带有搅拌器的反应釜中,加水70份,升温至40℃,加入20份海藻酸钠糊料(固含量5.5%,owf),搅拌10min后,依次加入粒径为200nm的马齿苋天然染料35份,树脂型固色剂Y 14份,吸湿剂氯化锂1份,液体石蜡4份,乙酰胺2份,乳化硅油3份,山梨酸钠2份,搅拌成膏状,即得印花色浆。对丝绸、棉织物进行印花时,印花织物经烘干后100~120℃汽蒸30min,水洗、烘干后得印花制品。

方法二:取干燥、粉碎的马齿苋,按料液比1∶30(g/mL)浸泡于水中,在70℃浸渍1.5h,过滤浓缩至初始马齿苋原液体积的10%~99%,于-80~-86℃预冻60~120min,原液完全冻结后,真空干燥15~18h,得到马齿苋天然染料。在带有搅拌器的反应釜中加水70份,升温至40℃,加入20份海藻酸钠糊料(固含量5.5%,owf),搅拌10min后,依次加入粒径为200nm的马齿苋天然染料35份,树脂型固色剂Y 14份,吸湿剂氯化锂1份,分散剂硬脂酸钠4份,助溶剂乙酰胺2份,消泡剂乳化硅油3份,防腐剂山梨酸钠2份,搅拌成膏状,即得印花色浆。此色浆的浸透性能和流平性能较好,固色能力强,印花后织物的轮廓清晰,色彩鲜艳。对丝绸、棉织物进行印花时,印花织物经烘干后100~120℃汽蒸

30min，水洗、烘干后得印花制品。

（七）天然染料荷花叶印花色浆的制备

将43.5g水、18g荷花叶天然染料粉末（粒径0.1～5μm）、1g碳酸氢钠、45g海藻酸钠、0.5g氯化铈混合搅拌均匀，即成印花色浆。对蚕丝织物进行印花时，印花织物经烘干后180℃汽蒸8min，水洗、烘干后得印花制品。

三、天然染料黄色印花色浆的制备

（一）天然染料银杏叶印花色浆的制备

将洗净、晒干、粉碎后的银杏树叶粉末加入pH=8～10的乙醇水溶液中，搅拌10min后静置，升温到80～90℃提取60min，滤液浓缩得银杏树叶天然染料。在带有搅拌器的反应釜中加水70份，升温至40℃，加入20份海藻酸钠糊料（固含量5.5%，owf），搅拌10min后，依次加入粒径为200nm的银杏树叶提取物15份、树脂型固色剂Y 14份、吸湿剂溴化锂1份、分散剂聚乙烯蜡4份、苯甲酸钠2份、乳化硅油消泡剂3份、山梨酸钾防腐剂2份，搅拌均匀成膏状，即得印花浆料。银杏树叶原料丰富，制备方法简单，质量稳定。色浆染色后的织物触感柔和、安全，对婴幼儿无伤害。对棉织物进行印花时，印花织物经烘干后135℃汽蒸20min，水洗、烘干后得印花制品。

（二）天然染料栀子印花色浆的制备

方法一：将61g水、1g栀子天然染料粉末（粒径0.1～5μm）、3g醋酸、35g羧甲基纤维素、0.5g氯化铈混合搅拌均匀，即成印花色浆，对锦纶织物进行印花时，印花织物经烘干后于150℃汽蒸55min，水洗、烘干后得印花制品。印花织物的轮廓清晰，色彩鲜艳。

方法二：将300g水、10g栀子天然染料粉末（粒径0.1～5μm）、1g硫酸铝、20g硫酸铵、50g尿素、1000g原糊（含20g瓜尔豆胶）搅拌均匀，即成印花色浆。对真丝织物进行印花时，50℃烘干10min，再于100℃汽蒸15min，热水洗（40～50℃）、冷水洗、烘干后得印花制品。印花织物的轮廓清晰、色彩鲜艳。

（三）天然染料姜黄印花色浆的制备

将38g水、5g姜黄天然染料粉末（粒径0.1～5μm）、5g柠檬酸、50g淀粉糊、2g氯化铁混合搅拌均匀，即成印花色浆，对羊毛织物进行印花时，印花织物经烘干后110℃汽蒸135min，水洗、烘干后得印花制品。

（四）天然染料薄荷叶粉体印花色浆的制备

方法一：将质量分数4%的薄荷叶粉体（粒径为300nm）、0.5%的PTF增稠剂、95.5%的黏合剂UDT混合，在22℃条件下以120r/min的转速搅拌30min，搅拌均匀后，再以600r/min的转速搅拌80min，静置，即得印花色浆。此方法工艺简单，生产成本低，无环境污染，保持了薄荷原有的缓释功能。对丝绸、棉织物进行印花时，印花织物经烘干后100～120℃汽蒸30min，水洗、烘干后得印花制品。

方法二：将10g微米级粉末（粒径0.1～5μm）的薄荷叶天然染料、45g海藻酸钠、21g碳酸氢钠、0.5g氯化铈、43.5g水混合搅拌均匀，制成印花色浆。对亚麻织物进行印花时，印花织物经烘干后180℃汽蒸5min，水洗、烘干后得印花制品。

（五）天然染料板栗黄转移印花色浆的制备

在反应釜中加入质量分数为27%的乙醇、22.6%的异丙醇，30℃下以1000r/min的转速搅拌，缓慢加入35%醇溶性丙烯酸树脂CRB，全部溶解后，加入0.4%的柠檬酸三辛酯，再以1400r/min的转速搅拌，再缓慢加入15%板栗壳天然染料，混合充分后，转入砂磨机中进行研磨，色浆粒子控制在细度小于0.5μm，用氨水调节pH为8.5，加入乙醇调节色浆黏度至15Pa·s（TOYO黏度杯3号），即得黄色转移印花色浆。

转移印花色浆对BOPP薄膜表面进行四色套印印花，制成转移印花薄膜；将纤维素纤维面料（全棉21英支×21英支/108×58）浸轧分子量为3000、脱乙酰度85%的壳聚糖改性剂，然后与印花薄膜同时经过轧车加压，薄膜上的染料转移至面料上，得到印花图案；面料经102℃汽蒸5min后烘干。按照国标检测方法，花纹图案转移率达90%，印花织物皂洗原样褪色评级3～4级，皂洗沾色评级

3~4级,耐干摩擦色牢度4~5级,耐湿摩擦色牢度达4级。

四、天然染料蓝色和紫色印花色浆的制备

(一)天然染料马蓝叶印花色浆的制备

方法一:将马蓝叶浸泡一周,去除残渣,加入石灰粉,快速搅拌60min,静置3天,去除上层溶液,将下层凝固物粉碎至粒度为200nm的粉体。将质量分数13%马蓝叶粉体、85%黏合剂UDT、2%PTF增稠剂混合,在30℃条件下以300r/min的转速搅拌10min,粉体和增稠剂均匀分散于黏合剂中,再以1100r/min的转速搅拌25min,静置,即得印花色浆。制得的马蓝叶色浆品质好,染色效果好。对棉织物进行印花时,印花织物经烘干后135℃汽蒸15min,水洗、烘干后得印花制品。

方法二:将质量分数13%马蓝草叶粉体(粒径为100nm)、0.5% PTF增稠剂、91.5%黏合剂UDT混合,在30℃条件下以180r/min的转速搅拌20min,搅拌均匀后,再以1000r/min的转速搅拌45min,静置,即得印花色浆。色浆制备方法简单,生产成本低,印花织物具有马蓝的药用功效。对棉织物进行印花时,印花织物经烘干后100~120℃汽蒸30min,水洗、烘干后得印花制品。

(二)天然染料薰衣草粉体印花色浆的制备

将质量分数2%的薰衣草花瓣粉体(粒径为100nm)、97.5%黏合剂UDT、0.5%的PTF增稠剂混合后,在30℃条件下以220r/min的转速搅拌20min,搅拌均匀后,再以1000r/min的转速搅拌30min,静置,即得印花色浆。该制备方法工艺简单,生产成本低,资源利用率高,印制的图案轮廓清晰,印花色牢度良好,并解决了颜料使用所造成的污染问题。对棉织物进行印花时,印花织物经烘干后150℃汽蒸10min,水洗、烘干后得印花制品。

(三)天然染料靛蓝印花色浆的制备

方法一:在反应釜中加入水60份,温度升到50℃,加入30份海藻酸钠糊料(固含量5.5%,owf),搅拌8min,再依次加入二氧化硫脲11份,粒径500nm的天然染料靛蓝12份,DFRF-1固色剂3份,搅拌成膏状,得印花色浆。此色浆印染

效果好，染色牢固，耐洗涤不易褪色，而且环保。对丝绸、棉织物进行印花时，印花织物经烘干后 100～120℃汽蒸 30min，水洗、烘干后得印花制品。

方法二：在反应釜中加入水 60 份，温度升到 50℃，加入 30 份海藻酸钠糊料(固含量 5.5%，owf)、12 份天然染料靛蓝粒径 300nm、13 份固色剂 DFRF－1、2 份吸湿剂溴化锂、3 份分散剂硬脂酸镁、2.5 份助溶剂水杨酸钠、2.5 份消泡剂乳化硅油、2.5 份防腐剂山梨酸钙，搅拌均匀，即得印花色浆。此色浆具有良好印花均匀性和印透性，安全环保，对棉织物进行印花时，印花织物经烘干后 150℃汽蒸 10min，水洗、烘干后得印花制品。

(四)天然染料紫草印花色浆的制备

将质量分数 6%紫草粉体(粒径为 150nm)、1% PTF 增稠剂、96%黏合剂 UDT 混合，于 30℃下以 220r/min 的转速搅拌 20min 搅拌均匀，再以 1000r/min 的转速搅拌 25min，即得印花色浆。此色浆的浸透性能和流平性能较好，印花后织物的轮廓清晰，色彩鲜艳。对棉织物进行印花时，印花织物经烘干后于 150℃汽蒸 10min、水洗、烘干后得印花制品。

(五)天然染料芋头青转移印花色浆的制备

在反应釜中加入质量分数 30%乙醇、7.5%异丙醇，40℃下以 700r/min 的转速搅拌，缓慢加入 45%醇溶性丙烯酸树脂 CRB，全部溶解后，加入 0.5%柠檬酸三丁酯，再以 1300r/min 的转速搅拌，再缓慢加入 17%的芋头青天然染料，混合充分后，转入砂磨机中进行研磨，色浆粒子控制在细度小于 0.5μm，用氨水调节 pH 为 8.5，加入乙醇调节色浆黏度至 15Pa・s(TOYO 黏度杯 3 号)，即得转移印花色浆。

转移印花色浆对 BOPP 薄膜表面进行四色套印印花，制成转移印花薄膜；将纤维素纤维面料(全棉 21 英支×21 英支/108×58)浸轧分子量为 3000、脱乙酰度 85%壳聚糖改性剂，然后与印花薄膜同时经过轧车加压，薄膜上的染料转移至面料上，得到印花图案；面料经 102℃汽蒸 5min 后烘干。按照国标检测方法，花纹图案转移率达 90%，印花织物皂洗原样褪色评级 3～4 级，皂洗沾色评级 3～4 级，耐干摩擦色牢度 4～5 级，耐湿摩擦色牢度达 4 级。

第八章　天然染料数码喷墨印花用墨水的制备

近年来,数码喷墨印花发展迅猛,在许多承印材料上都可以发挥自如。数码喷墨印花技术是一种全新的清洁无环境污染的纺织品印染方式,它摒弃了传统印花需要制版的复杂环节,直接在织物上喷印,提高了印花的精度。具有生产周期短、无染化料浪费,污水排放少,耗能低以及可以小批量、多品种制作等优点,能使纺织面料、服饰行业得到飞跃式发展,是纺织品印花产品加工的发展方向。

第一节　天然染料数码喷墨印花用墨水概述

数码喷墨印花是目前行业内公认的清洁印染技术,符合印染行业发展趋势。我国的数码喷墨印花的发展潜力十分巨大,这是因为我国占全球印花产品总量30%(年产量达$1\times10^{11}m^2$)以上,数码印花产品总量却只有$0.4\times10^9m^2$,与数码印花占到印花总量30%以上的欧洲地区差距较大。开发数码喷墨印花最重要的一环是印花用墨水的研制。目前,纺织品喷墨印花用的颜料墨水较少,基本为溶剂性合成染料墨水,由染料、水、添加剂(防腐剂、分散剂、pH调节剂、消泡剂、保湿剂等)组成。印花墨水中所用的染料基本上都是合成染料,这些含有合成染料的印花墨水对衣衫织物进行喷墨印花后,有害的化学成分会附在衣物上,对人体造成危害。在人们日益追求健康的今天,开发通用性好、稳定性佳、健康环保、舒适度高的天然染料印花墨水成为印花产业的发展方向之一。

天然染料数码喷墨印花用墨水还没有规模化生产，发展缓慢，至今还有很多问题等待解决，研究的文献资料也很少。天然染料本身规模化生产一直是专家学者研究的重点，为了促进天然染料在纺织品加工中的应用，推动印花墨水的更新与发展，将天然染料与喷墨印花技术相结合，开发天然染料喷墨印花用墨水，并形成系列化，用于各种纤维及其混纺织物，是印染技术的创新，可以增加数码墨水的种类数量，为纺织品喷墨印染材料来源提供新途径。同时扩宽了天然染料生产应用领域，使其能代替安全性能有问题的合成染料制作的合成墨水，成为喷墨印花技术发展必不可少的组成部分，在纺织品印花领域中普及和实现工业化大生产，有利于提高纺织印染业产品加工技术水平，实现清洁化生产，获得令人满意的各项色牢度，提高纺织品的附加值。天然染料数码喷墨印花用墨水值得我们深入研究和开发。

一、现有数码喷墨印花用墨水的缺点

数码喷墨印花虽然比传统印花具有无可比拟的优势，但数码喷墨印花墨水价格昂贵；墨水的通用性欠佳，能够用于制备数码印花墨水的染料种类极少，墨水中添加的助剂繁多，研制困难等问题制约了其发展。

1. 染料墨水无通用性

数码喷墨印花生产中，不同的纤维织物需要使用不同的墨水，无通用性。

2. 染色性能欠佳

数码喷墨中的小分子染料水溶性一般，对织物附着牢度不够，不防水，易沾污。

3. 所含合成染料对人体有一定危害性

虽然数码喷墨印花是一种绿色环保生产方式，无废染液排放，环境污染小。但其所含的染料均为合成染料，对人体的危害性不容忽视。

4. 墨水制备工艺复杂

一般采用传统的制备方法，制备工艺比较复杂；墨汁研磨不够充分，颗粒不够小，使用时易堵塞喷头，仅能用于专用喷头；储存稳定性不够好，使制作成本提高，影响数码印花的推广与使用。

二、重视天然染料数码喷墨印花用墨水的开发

我国数码喷墨印花起步较晚，但发展迅速，大有取代传统印花之势。研制开发印花速度快、性能高、制造成本低廉的印花用墨水对印染行业发展影响巨大，也是数码喷墨印花早日进行大规模产业化应用的前提。天然染料数码喷墨印花用墨水包括染料、分散剂、湿润剂、pH 调节剂、杀菌剂、消泡剂等，除了选择合适的天然染料外，还要加大配套助剂（如改善喷墨印花色牢度和手感问题的交联剂、改变织物颜色的增深剂、有利于浮色和糊料清洗的分散剂等）的研发，以达到理想的喷墨印花效果。

1. 开发高性能、高色牢度的天然染料数码喷墨印花用墨水

目前，市面销售的数码喷墨印花用墨水都是透明或半透明的，对织物遮盖性差，彩色墨水在深色织物面料上的图案效果难以显现。将天然染料改性，小分子染料做成高分子染料，大大提高了水溶性和纤维亲和性，增强了其对纤维着色性能，代替合成染料研制出适合于各类织物的纳米级墨水配方，力求解决墨水对织物的遮盖性能问题，同时也解决了所选用的墨水和现有数码喷墨印花机的匹配性问题。这些天然染料数码喷墨印花用墨水的粒径在 220nm 左右，有黄、红、紫、青、蓝和黑等颜色。具有高防水和高耐光性能，且印制的织物图案色泽鲜艳、色牢度优良，织物手感柔软，可以印制蚕丝、棉、涤纶以及各种多组分纤维织物。弥补了染料墨水生产应用中的不足，降低了生产成本，提升了喷墨速度，拓展了颜色范围，各项色牢度指标均可达到国际标准，完全符合欧美出口标准，满足了众多外贸客商的要求。

2. 开发水性环保型且价格低廉的天然染料数码喷墨印花用墨水

随着科技的进步，国产墨水的研发得到快速提升，产量和品种均有增加，在提高数码喷墨印花的印制速度和降低墨水耗材价格方面都取得了显著的进展，制造成本较以前有大幅度的降低。但天然染料数码喷墨印花用墨水制备技术在我国仍处于研发阶段，亟须扶持和培育。开发更多具有自主知识产权、产业化的天然染料数码喷墨印花用墨水，并加大推广力度，逐步减少对国外产品的依赖，

从而真正意义上成为掌握自主知识产权墨水生产技术的纺织印染业强国。

三、天然染料数码喷墨印花用墨水的应用前景展望

目前，在我国市场上数码喷墨印花墨水产品很少，基本依赖进口。纺织品水性环保型天然染料数码喷墨印花墨水在我国的开发具有较大的潜力，弥补了数码喷墨印花墨水的不足。在经济快速增长及购买力逐渐提高的形势下，依靠制备工艺简便，生产成本较低，不需要热转印纸进行转印，也不会产生二次污染的天然染料数码喷墨印花用墨水印染而成的具有抗菌防臭功能的纺织品（时尚服装，服饰用品（如丝巾、围巾、领带等），运动服和泳装面料，家用纺织品面料（如窗帘、床单、毛巾、桌布和家具用布），汽车内装饰物，T恤衫和特种纺织品，壁面装饰，鞋帽、玩具及其他一切以纺织品为载体、以图案来表现的物品等属于真正的绿色环保产品。减轻了纺织品对合成染料的依赖，消除了染整业对环境的污染，使最终产品生态化、生产过程清洁化，完全达到产业化要求，延续了深加工纺织产业的发展，给企业带来更好的效益。

我国植物资源丰富，天然染料数码喷墨印花纺织品又是创汇商品，因而在国际市场具有较大的竞争力，产品销售前景非常看好。同时加强对国际国内市场需求的研究，不断开发天然染料数码喷墨印花墨水新品种及染色产品，抢占染织产业制高点，市场发展潜力巨大。

目前，为使天然染料数码喷墨印花墨水产品生产技术不断发展和完善，仍有些问题需要解决。如，研制出适合于各类织物的天然染料数码喷墨印花墨水配方，提高喷墨印制精细度及速度、色彩表现和粒径均匀性，解决选用的天然染料数码喷墨印花墨水和现有数码喷墨印花机的匹配性，避免喷头阻塞等问题。

第二节　天然染料数码喷墨印花用墨水的制备

可用于制备数码喷墨印花用墨水的天然染料有果实类的红刺梨果、落葵浆

果、商陆浆果、栀子、茶油果、桑葚、诃子等;花瓣类的蜀葵花、红花、蒲黄、鸡冠花、槐米、万寿菊、红王子锦带花等;叶草类的茜草、紫草、紫苏叶、艾蒿、栎树叶、茶叶、银杏叶、鱼腥草、紫叶矮樱落叶等;皮壳类的板栗壳、陈皮、石榴皮、核桃青皮、秦皮、高粱壳、麻栎壳等;根茎类的薯莨、青黛、姜黄、苏木、黄芩等,还有五倍子、胭脂虫、紫胶虫等。

本书中记载的天然染料数码喷墨印花用墨水制备方法有两种:第一种是将天然染料提取物(或市售的天然染料成品)、离子水、分散剂、湿润剂、pH 调节剂、杀菌剂、消泡剂等按一定配比混合,常温搅拌均匀,再升温搅拌得到混合溶液。第二种是将混合溶液依次经过 0.45μm 和 0.22μm 滤膜过滤,得到红色、青色、黄色、黑色、紫色等高精细度的墨水成品。该生产方法操作简单,成本低,稳定性好,不易堵塞喷头,适用于快速喷墨印花,可长时间储存。墨水可直接数码印花多种纤维织物,无须对织物进行上浆等前处理工序,缩短了喷印工序。印花织物图案色彩鲜艳,手感柔软,固色率和色牢度均能达到技术要求。

一、天然染料红色数码喷墨印花用墨水的制备

(一)茜草数码喷墨印花用墨水的制备

方法一:14 份茜草天然染料,8 份保湿剂丙三醇,1.5 份表面活性剂木质素磺酸钠,14 份黏度调节剂甘油,3 份防腐剂山梨酸钙,2.5 份 pH 调节剂醋酸,0.8 份杀菌剂百菌灵,3.5 份无醛固色剂 KS,3 份抗氧化剂聚氯乙烯,300 份去离子水,常温下搅拌均匀,再升温至 60℃,继续搅拌 60min,并保温熟化 120min,降至常温后,用 0.45μm 和 0.22μm 过滤膜过滤,得到墨水。

方法二:取新鲜的茜草叶,将其清洗风干之后放入热水中,待茜草叶里的茜素溶于热水后将茜草叶取出,滤除热水里的杂质,冷却后形成土红色染料;取土红色染料 45 份、三乙烯四胺 12 份、环氧氯丙烷 7 份、去离子水 43 份、SF-200 表面张力调节剂 8 份、保湿剂氯化锂 20 份,混合搅拌均匀之后向溶液中添加乌梅酸性水 80 份,调节溶液的 pH 为 7,再次搅拌均匀之后用 0.45μm 和 0.22μm 过滤膜过滤,得到墨水。

方法三：将茜草染料 18 份、聚乙二醇 400 黏度调节剂 20 份、助溶剂聚四氢呋喃二醇 PTMG 15 份、表面张力调节剂聚醚改性聚二甲基硅氧烷 3 份、pH 调节剂碳酸钠 4 份、保湿剂丙三醇 10 份、杀菌剂百菌灵 1.2 份、固色剂脂肪族聚异氰酸酯 5 份、抗氧化剂聚氯乙烯 5 份、防霉剂尼泊金甲酯 5 份、去离子水 500 份，常温下混合搅拌均匀，再在温度 60～70℃ 继续搅拌 120min，并保温熟化 120～180min，降至常温后，用 0.45μm 和 0.22μm 过滤膜过滤，得到墨水。

（二）胭脂虫红色数码喷墨印花用墨水的制备

14 份胭脂虫天然染料，14 份黏度调节剂聚乙二醇 400，8 份保湿剂丙三醇，1.5 份表面活性剂木质素磺酸钠，2.5 份 pH 调节剂醋酸，0.8 份杀菌剂百菌灵，3.5 份固色剂脂肪族聚异氰酸酯，3 份抗氧化剂聚氯乙烯，3 份防霉剂尼泊金甲酯，300 份去离子水，常温下混合搅拌均匀，再升温至 70℃，继续搅拌 60min，并保温熟化 150min，降至常温后，用 0.45μm 和 0.22μm 过滤膜过滤，得到墨水。

（三）紫背天葵提取物数码喷墨印花用墨水的制备

将紫背天葵洗净、烘干并粉碎成粉末，加入质量分数为 50%的乙醇溶剂，料液比 1∶（10～20）（g/mL），50℃水浴加热 60min，再在微波 700W 下提取 2min，滤液浓缩为原体积的一半，在 70℃烘干得提取物粉剂；将 18%的紫背天葵提取物，2%渗透剂，12%硅丙乳液，4%二乙烯三胺，2%AEO-5 表面活性剂，0.9%杀虫剂苯并异噻唑啉酮，1%壳聚糖，60.1%水，混合搅拌均匀，用氢氧化钠调节 pH=8，在 60～70℃条件下搅拌 150min，在此温度下熟化 300min，降至常温，再经过 0.45μm 和 0.22μm 的膜过滤，得到数码喷墨印花用墨水。

（四）红花红数码喷墨印花用墨水的制备

取洁净新鲜的红花花朵，将其捣碎后放入水溶液中，所述水溶液的 pH 为 7，红花在水溶液中浸泡 60min 之后取出，沥干水后，用洁净的淘米水清洗 2～3 次，之后将红花取出沥干水，然后再对其研磨，将其溶入常温清水里，30min 之后将清水里的红花残渣滤除，制得红色染料；取茜草染料 45 份、三乙烯四胺 12 份、环氧氯丙烷 7 份、去离子水 43 份、SF-200 表面张力调节剂 8 份、保湿剂丙三醇 20 份，混合搅拌均匀之后，向溶液中添加乌梅酸性水 80 份，再次搅拌均匀之后，用 0.45μm 和 0.22μm 过滤膜过滤，得到墨水。

（五）鸡冠花提取物数码喷墨印花用墨水的制备

将鸡冠花洗净、烘干、粉碎后加入料液比 1∶(8~12)(g/mL) 乙醇和水的混合溶液中，再以 500~800W 超声功率处理 35~60min，将滤液于 80℃ 烘干，得到鸡冠花提取物。将 18 份鸡冠花提取物，10 份湿润剂丙二醇，20 份黏度调节剂聚乙二醇 400，5 份固色剂醋酸丁酯纤维素，4 份 pH 调节剂碳酸钠，15 份助溶剂聚四氢呋喃二醇 PTMG，3 份 AEO-7 表面活性剂，1.2 份杀菌剂苯并异噻唑啉酮，500 份去离子水，混合搅拌均匀，再升温至 60~70℃，继续搅拌 60~180min，并保温熟化 120~300min，降至常温后，将溶液再经过 0.45μm 和 0.22μm 的膜过滤，得到数码印花墨水。制作方法简便，成本低，浓度高，稳定性好，不易堵塞喷头，打印质量好，适用于快速喷墨印花。无需对织物进行上浆等前处理工序，缩短了喷印工序，得到的上染后的织物具有良好的水蒸气可渗透性，织物舒适度良好。

二、天然染料黄色数码喷墨印花用墨水的制备

（一）栀子数码喷墨印花用墨水的制备

取新鲜的栀子果，然后对其进行清洗风干之后将其捣碎放在水中，在水中浸泡 3~4h 之后，将栀子果的残渣滤除，制得黄色染料；通过对黄色染料中添加黄色液体来调节黄色染料的色度，取栀子黄染料 45 份、固色剂三乙烯四胺 12 份、环氧氯丙烷 7 份、去离子水 43 份、表面张力调节剂聚醚改性聚二甲基硅氧烷（或 SF-200）8 份、保湿剂丙三醇 20 份混合搅拌均匀之后，向溶液中添加乌梅酸性水 80 份，调节溶液的 pH，再次搅拌均匀之后，用 0.45μm 和 0.22μm 过滤膜过滤，得到墨水。

（二）陈皮提取物数码喷墨印花墨水的制备

陈皮粉碎，按料液比 1∶15 加入水中，功率 400W，80℃ 浸提 60min，过滤、浓缩至原体积 1/4，在-40℃ 超低温冷冻 12h，再在-55℃、真空度 15Pa 真空冷冻干燥得陈皮提取物；再将陈皮提取粉碎成粉末；将 24% 陈皮提取物粉末，2% 非离

子 F-123 渗透剂,10%苯丙乳液,5%保湿剂二乙烯三胺,3.5%AEO-5 表面活性剂,1%杀虫剂苯并异噻唑啉酮,0.9%壳聚糖,53.6%水混合搅拌均匀,用氢氧化钠调节 pH=8,在 60~70℃条件下搅拌 60~180min,在此温度下熟化 120~300min,降至常温,再经过 0.45μm 和 0.22μm 的膜过滤,得到数码喷墨印花用墨水。

(三)胭脂树橙色数码喷墨印花用墨水的制备

胭脂树橙色植物染料 14 份,黏度调节剂 14 份,助溶剂水杨酸钠 9 份,SF-200 表面张力调节剂 1.5 份,保湿剂丙三醇 8 份,杀菌剂百菌灵 0.8 份,固色剂醋酸丁酯纤维素 3.5 份,抗氧化剂聚氯乙烯 3 份,防霉剂苯丙异噻唑啉酮 3 份,去离子水 300 份,混合搅拌均匀之后,向溶液中添加氢氧化钠 pH 调节剂 2.5 份,常温下搅拌均匀,再升温至 60~70℃ 继续搅拌 60min,并保温熟化 120~180min,降至常温后,再次搅拌均匀,用 0.45μm 和 0.22μm 过滤膜过滤,得到墨水。

三、天然染料蓝色和紫色数码喷墨印花用墨水的制备

(一)紫苏数码喷墨印花用墨水的制备

取新鲜的紫苏叶,对其进行清洗风干后将其捣碎放入热水中,30min 之后将紫苏叶残渣滤除,待热水冷却后进行浓缩,制得紫色染料;取紫苏染料 45 份、固色剂三乙烯四胺 12 份、环氧氯丙烷 7 份、去离子水 43 份、表面张力调节剂聚醚改性聚二甲基硅氧烷(或 SF-200)8 份、保湿剂丙三醇 20 份,混合搅拌均匀之后向溶液中添加乌梅酸性水 80 份,调节溶液的 pH,再在 60~70℃ 条件下搅拌 60min,并保温熟化 120~180min,降至常温后,再次搅拌均匀,用 0.45μm 和 0.22μm 过滤膜过滤,得到墨水。

(二)蓼蓝叶数码喷墨印花用墨水的制备

将新鲜的蓼蓝叶清洗、风干、研磨后倒入容器中,浸泡一周,去除残渣,加入石灰粉,快速搅拌 60min,静置 3 天,去除上层溶液,制成靛蓝染料;取靛蓝染料 45 份、固色剂三乙烯四胺 12 份、环氧氯丙烷 7 份、去离子水 43 份、表面张力调节剂聚醚改性聚二甲基硅氧烷(或 SF-200)8 份、保湿剂丙三醇 20 份,混合搅拌

均匀之后向溶液中添加乌梅酸性水 80 份,再次搅拌均匀,用 0.45μm 和 0.22μm 过滤膜过滤,得到墨水。

(三)板蓝根数码喷墨印花用墨水的制备

将洗净、烘干、粉碎至 50 目的板蓝根粉末放入料液比 1∶50(g/mL)、pH 为 10 的碱性水溶液中,以 600W 的微波辐射功率处理 4~8min;再以功率为 600W 的超声波处理 1h,过滤,滤渣放入 pH 为 8~9 的适量弱碱水中,以 800W 的微波辐射功率处理 8min;再以功率为 700~800W 的超声波处理 30min;过滤,合并两次滤液。在进风温度 120~140℃,出风温度 60~80℃条件下进行喷雾干燥,得板蓝根染料粉末。取 18 份板蓝根染料,20 份黏度调节剂聚乙二醇 400,15 份助溶剂聚四氢呋喃二醇 PTMG,3 份表面张力调节剂为聚醚改性聚二甲基硅氧烷,4 份 pH 调节剂氢氧化钠,10 份保湿剂溴化锂,1.2 份杀菌剂百菌灵,1.5 份固色剂醋酸丁酯纤维素,5 份抗氧化剂聚氯乙烯,5 份防霉剂山梨酸钠,500 份去离子水,混合后常温下搅拌均匀,再升温至 60~70℃,继续搅拌 60min,并保温熟化 180min,降至常温后,再次搅拌均匀,用 0.45μm 和 0.22μm 过滤膜过滤,得到墨水。

四、天然染料棕黑色数码喷墨印花用墨水的制备

(一)苏木黑色数码喷墨印花用墨水的制备

将洗净、晒干、研磨成 100 目的苏木粉末加入 50%的乙醇水溶液(pH=6),在料液比为 1∶50,温度为 50℃条件下提取 5min,过滤得到滤液,经真空旋转蒸发、浓缩、-80℃下冷冻干燥 30h 得到粉状天然染料提取物。取苏木提取物 10 份(碾磨至粒径为 300nm),纳米填料二氧化钛 1 份,缓慢加入乙二醇 10 份,水解壳聚糖 1 份,脂肪醇聚氧乙烯醚 1 份,聚乙烯 2 份,柠檬酸 0.5 份,软化处理的去离子水 50 份,在常温下形成混合溶液。在 2000r/min 转速下高速均质搅拌 120min,静置,用 0.45μm 和 0.22μm 的滤膜过滤,得到数码印花墨水。

(二)五倍子数码喷墨印花用墨水的制备

将五倍子放入锅里面进行熬煮,水沸腾后 25min 后将煮水取出,再次向锅

里面添加适量的清水,再次熬煮,第二次熬煮水沸腾 30min 后将水取出,将两次熬煮的液体放到一起,过滤冷却后得到黑色染料;取五倍子染料 45 份,固色剂三乙烯四胺 12 份,环氧氯丙烷 7 份,去离子水 43 份,表面张力调节剂聚醚改性聚二甲基硅氧烷(或 SF-200)8 份,保湿剂丙三醇 20 份,混合后搅拌均匀,向溶液中添加乌梅酸性水 80 份,调节溶液的 pH,再次搅拌均匀,用 0.45μm 和 0.22μm 过滤膜过滤,得到数码喷墨印花用墨水。

(三)板栗壳数码喷墨印花用墨水的制备

将板栗壳提取物 24%,NP-15 渗透剂 3.5%,苯丙乳液 10%,AEO-5 表面活性剂 3%,杀虫剂苯并异噻唑啉酮 1%,二乙烯三胺 5%,壳聚糖 0.8%,水 52.7%,混合后搅拌均匀,用氢氧化钠调节 pH=8,在 60~70℃条件下搅拌 120min,在此温度下熟化 300min,降至常温,再经过 0.45μm 和 0.22μm 的膜过滤,得到数码喷墨印花用墨水。

(四)茶叶提取物数码喷墨印花墨水的制备

茶叶粉碎,以料液比 1∶20 加入水中,在功率 450W、30℃条件下浸提 60min,过滤、浓缩,70℃烘干得茶叶提取物粉剂;将茶叶提取物 24%,非离子 F-123 渗透剂 2%,苯丙乳液 10%,二乙烯三胺 5%,AEO-5 表面活性剂 3.5%,杀虫剂苯并异噻唑啉酮 1%,壳聚糖 0.9%,水 53.6%,混合后搅拌均匀,用氢氧化钠调节 pH=8,在 60℃条件下搅拌 180min,在此温度下熟化 300min,降至常温,再经过 0.45μm 和 0.22μm 的膜过滤,得到数码喷墨印花墨水。

(五)薯莨数码喷墨印花用墨水的制备

取洁净的薯莨,将其切片捣碎后放入水中熬煮,之后向水中添加适量的草木灰继续熬煮,45min 之后将水中的杂质滤去,待水冷却后得到棕褐色染料;取薯莨染料 45 份、固色剂三乙烯四胺 12 份、环氧氯丙烷 7 份、去离子水 43 份、表面张力调节剂聚醚改性聚二甲基硅氧烷(或 SF-200)8 份、保湿剂丙三醇 20 份,混合后搅拌均匀,向溶液中添加乌梅酸性水 80 份,常温下搅拌均匀,再升温至 60~70℃继续搅拌 60min,并保温熟化 120~180min,降至常温后,再次搅拌均匀,用 0.45μm 和 0.22μm 过滤膜过滤,得到数码喷墨印花用墨水。

参考文献

[1]王利. 扎染工艺与设计[M]. 北京:中国纺织出版社,2016.

[2]王孖. 染缬集[M]. 北京:北京燕山出版社,2014.

[3]蒋才坤. 扎染艺术[M]. 成都:四川大学出版社,2014.

[4]单国华,贾丽霞. 天然染料及其应用进展[J]. 纺织科技进展,2007(5):28-30.

[5]胡乃杰. 天然染料的应用及研究进展[J]. 山东纺织科技,2007(5):44-46.

[6]胡玉莉. 天然植物色素染料在染发剂中的应用[D]. 长春:吉林农业大学,2016.

[7]王哲波,占达东. 试析天然染料在现代黎族织锦中的地位[J]. 琼州学院学报,2013,20(4):59-63.

[8]张哲,付勇. 天然染料的分类及在制革工业中的应用研究进展[J]. 皮革与化工,2014,31(1):17-20.

[9]于颖. 微波法提取鹿角漆树果穗红色素的工艺研究[J]. 辽宁丝绸,2019(1):1-2.

[10]于颖. 紫背天葵色素的稳定性及对羊毛织物染色性能的研究[J]. 毛纺科技,2016,44(6):20-24.

[11]赵孝顺,张玲. 韩国天然染料染色的实验研究[J]. 国外丝绸,2000,28(4):28,2.

[12]王丽,贾丽霞. 天然染料的研究现状和趋势[J]. 山东纺织科技,2007(2):49-51.

[13]史彩云. 天然染料的一浴法拼色染色技术研究[D]. 苏州:苏州大

学,2012.

[14]曹红梅．茜草色素的染色和拼色[J]．印染,2011(6):23-26.

[15]张晟,王菊花．天然染料染色技术的研究进展[J]．染整技术,2014,36(1):1-4.

[16]于颖．紫叶矮樱落叶染料对柞蚕丝绸染色性能的研究[J]．印染助剂,2017,34(1):36-40.

[17]侯学妮,王祥荣．天然染料在纺织品加工中的应用研究新进展[J]．印染助剂,2009,26(6):8-11.

[18]赵虹娟,刘秒,郑环达．天然纤维超临界二氧化碳无水染色研究进展[J]．染整技术,2017,39(3):1-4.

[19]冉瑞龙,张莉莉,龙家杰,等．天然纤维在超临界 CO_2 流体中的染色研究[J]．蚕学通讯,2006,26(2):5-8.

[20]于颖．红廖花染料对柞蚕丝绸的染色性能[J]．辽东学院学报(自然科学版),2016,29(1):5-10.

[21]周永香,高党鸽,马建中．天然染料染色毛纤维和胶原纤维的研究进展[J]．中国皮革,2014,43(7):41-45.

[22]于颖．红王子锦带花染料对柞蚕丝绸染色性能[J]．印染助剂,2017,34(4):29-33.

[23]魏玉娟,柴爽连．天然染料的性质及其应用[J]．染料与染色,2006,43(6):12-16.

[24]张博,吴桐,赵富华．天然染料研究现状及其发展趋势[J]．国际纺织导报,2010,32(5):19-22.

[25]任安民,周立明,张玉高．天然染料对阳离子改性棉针织物的无媒染色实践[J]．印染,2007,33(13):19-20,28.

[26]于颖,宋一格．两种植物落叶染料拼混染色真丝绸的研究[J]．印染助剂,2019,36(6):49-52.

[27]尚润玲．大豆蛋白织物的乌饭树叶植物染料染色[J]．印染,2016,42

(13):16-19.

[28]于颖. 槐米色素和高粱红色素对桑蚕丝织物的拼色研究[J]. 毛纺科技,2020,48(3):36-40.

[29]高佩佩,余志成,张伟伟,等. 虎杖天然染料提取及对大豆蛋白织物染色[J]. 丝绸,2009(1):26-28.

[30]贾维妮,游甜甜,张瑞萍,等. 大豆蛋白织物的紫草植物染料染色[J]. 印染,2013,39(18):11-14,17.

[31]佀俊茹,吴坚,殷雪. 紫甘薯红色素用于大豆蛋白复合纤维织物的染色性分析[J]. 毛纺科技,2011,39(7):20-25.

[32]赵珊珊,刘逸新,于湖生. 姜黄用于 Lyocell 针织物的染色研究[J]. 山东纺织科技,2009(5):1-3.

[33]郑昊,金莹,单晓宇. 柞叶染料对改性黏胶织物的染色研究[J]. 纺织科学与工程学报,2018,35(2):56-59.

[34]董超萍,董杰,夏建明. 珍珠纤维织物的核桃皮天然植物染料染色[J]. 印染,2011,37(8):26-28,32.

[35]王前文. 大黄染料染 Modal/牛奶蛋白复合纤维色纺针织纱的开发[J]. 毛纺科技,2013,41(9):10-13.

[36]陈锁,吴明华,李慧玲,等. 天然植物提取物整理涤纶织物抗菌消臭性能研究[J]. 印染助剂,2012,29(11):47-50.

[37]于颖. 沙棘果废渣天然染料的提取及对羊毛织物染色性能的研究[J]. 毛纺科技,2015,43(6):20-24.

[38]于颖. 天然植物染料红莲子草对羊毛织物染色性能的研究[J]. 毛纺科技,2015,43(9):40-44.

[39]于颖. 天然植物染料紫叶酢浆草对羊毛织物染色性能的研究[J]. 毛纺科技,2015,43(10):31-33.

[40]刘华,位丽,杜印东,等. 栀子染料染棉针织物的染色工艺研究[J]. 化纤与纺织技术,2011,40(6):17-21.

[41]林明霞,吴坚,邓丽丽. 天然植物染料黄连染羊毛织物[J]. 针织工业,2005(1):47-49.

[42]闫丽君. 靛蓝染料染色影响因素分析[D]. 石家庄:河北科技大学,2010.

[43]单巨川,孟宾. 银杏叶染料对阳离子改性棉织物的染色[J]. 印染,2017,43(24):15-17.

[44]杨慕莹,翟红霞,邢铁玲,等. 微生物染料及其在纺织品染色中的应用[J]. 纺织学报,2016,37(8):165-169.

[45]鲜海军,杨惠芳. 多种染料的微生物脱色研究[J]. 环境科学学报,1988,8(3):266-273.

[46]王君,张宝善. 微生物生产天然色素的研究进展[J]. 微生物学通报,2007,34(3):580-582.

[47]王祥荣. 天然染料染色印花加工中存在的问题及研究进展[J]. 纺织导报,2017,24(4):32-34.

[48]韩婧,张晓梅. 模拟古代丝织品上天然染料剥色研究[J]. 文物保护与考古科学,2012,24(2):5-11.

[49]沈加芹. 中国历代植物染料的发展与研究[J]. 大众文艺,2014(23):112-113.

[50]杨晓轶. 天然色染的狂欢——中国古代服饰植物色染研究[J]. 现代装饰(理论),2013(5):239-239.

[51]刘海明,夏晓飞,李亚蒙. 中国古代胭脂中染“绛”的原植物研究[J]. 河北林果研究,2017,32(3):336-340.

[52]管兰生. 中国古代传统染缬艺术研究与分析[J]. 艺术教育,2011(1):122-123.

[53]江颖. 中国古代染色材料和色彩命名[J]. 现代装饰(理论),2013(4):42.

[54]赵丰. 冻绿—中国绿——中国古代染料植物研究之二[J]. 中国农

史,1988(3):77-82.

[55]赵丰. 中国古代染色文化区域体系初探[J]. 中国历史地理论丛,1989(1):89-101.

[56]曹红梅. 天然染料产业化存在问题及解决途径[J]. 纺织导报,2011,(4):54-56.

[57]陈秀芳,金隽,唐林. 真丝织物天然染料染色综述[J]. 丝绸,2014,51(1):31-36.

[58]谭燕玲,贾丽霞. 天然染料的现状及发展趋势[J]. 纺织导报,2007(6):102-105.

[59]何秋菊. 中国古代纺织品植物染料鉴定方法探讨[C]. 长春:全国第十一届考古与文物保护化学学术研讨会论文集,2010.

[60]肖浪,张克勤. 中国古代天然染料的科学基础研究进展[J]. 染整技术,2015(3):123-125.

[61]路智勇. 辅料染色技术在古代纺织品保护修复中的应用[J]. 文物保护与考古科学,2008,20(2):56-59.

[62]徐锡环,编译. 杨如馨,校. 天然染料印花[J]. 国外丝绸,2006(5):18-19,27.

[63]Manisha Ganlot, Khushboo singh, shaleni bajpai. Mordant printing of silk with walnut dye[J]. Man-Made textiles in India,2009(6):199-202.

附　录

附录一　常用天然染料最佳提取工艺条件

序号	染料名称	提取方法	最佳提取工艺条件	提取效果
1	大黄	溶剂提取法	80%乙醇为提取剂，提取温度90℃，浴比1∶20的条件下只需提取50min	提取率较高
2	花生红	溶剂提取法	60%的乙醇为提取剂，提取温度60℃，提取时间为4.5h	提取效果最好
3	橄榄叶	溶剂提取法	60%的乙醇为提取剂，料液比1∶30，提取温度80℃，提取时间120min	提取效果最好
4	鱼腥草	溶剂提取法	水为提取剂，料液比1∶20，温度80℃，提取时间90min	提取效果最好
5	虎杖	溶剂提取法	5g/L的提取促进剂ZS-1，料液比1∶30，温度100℃，提取时间120min	提取效果最好
6	姜黄	溶剂提取法	60%乙醇为提取剂，料液比1∶10，提取温度70℃，提取时间150min	提取效果最好
7	薯莨	溶剂提取法	70%丙酮为提取剂，提取温度60℃，提取时间为3h，料液比1∶5	提取效果最好
8	苏木	溶剂提取法	水为提取剂，料液比1∶30，温度100℃，提取时间60min	提取率较高
9	桃树叶	溶剂提取法	水为提取剂，料液比1∶30，温度100℃，提取时间60min	提取率较高

续表

序号	染料名称	提取方法	最佳提取工艺条件	提取效果
10	樟树叶	溶剂提取法	氢氧化钠0.2mol/L,料液比1∶40,温度100℃,提取时间50min	提取率较高
11	红花檵木叶	溶剂提取法	80%乙醇为提取剂,料液比1∶30,提取温度80℃,提取时间40min	提取率较高
12	紫草	溶剂提取法	100%乙醇为提取剂,料液比1∶(20~50),提取温度40~50℃,提取时间2~4h	提取效果较好
13	艾草	溶剂提取法	氢氧化钠0.3mol/L,料液比1∶35,提取温度100℃,提取时间50min	提取率较高
14	黄柏	溶剂提取法	水为提取剂,黄柏浓度2.5g/L,提取温度100℃,提取时间60min,提取1次	提取率较高
15	荷叶	溶剂提取法	碳酸钠0.15mol/L,料液比1∶40,提取温度100℃,提取时间60min	提取效果最好
16	樟树叶	微波萃取法	料液比1∶20,氢氧化钠浓度0.25mol/L,微波提取功率595W,提取时间只需11min	提取效果最好
17	红枣红	微波提取法	微波火力为中火,50%乙醇为提取剂,料液比1∶15,pH为3,提取时间80s,提取3次	提取率达89.9%
18	枸杞	微波提取法	微波功率70W,75%乙醇为提取剂,料液比1∶50,提取时间20min	提取率达15.32%
19	桂花	微波提取法	微波功率600W,80%乙醇为提取剂,料液比1∶20(g/mL),提取温度60℃,提取时间6min	提取效果最好
20	茄子皮	微波提取法	微波功率为900W,以蒸馏水为提取剂,料液比为1∶4(g/mL),HCl浓度为0.25mol/L,提取时间为50s	提取率达38.72%
21	银杏叶	微波提取法	微波功率1000W,70%乙醇为提取剂,料液比1∶45,提取时间12min,提取4次	提取效果最好
22	辣椒	微波提取法	粒度3~4mm,以蒸馏水为提取剂,料液比1∶1,微波功率612.5W,提取时间8min	提取效果最好

续表

序号	染料名称	提取方法	最佳提取工艺条件	提取效果
23	阳荷红	微波提取法	微波功率120W,70%乙醇为提取剂,料液比1∶25,提取时间3min	提取效果最好
24	海南蒲桃果	微波提取法	微波功率528W,0.3%HCl—60%乙醇为提取剂,料液比为1∶10,提取时间5min	提取率达到最大
25	红蓝草	微波提取法	微波功率480W,以蒸馏水为提取剂,料液比1∶15,提取时间85s	提取效果较好
26	决明子	微波提取法	60%乙醇为提取剂,料液比1∶25,中火微波,提取时间10min	提取率较高
27	鹿角漆树果穗	微波提取法	微波功率为320W,料液比为1∶30,pH为5,提取时间5min	提取率较高
28	樟树叶	微波提取法	氢氧化钠0.25mol/L,料液比为1∶20,提取时间5min,微波功率为595W,pH为5	提取率较高
29	五倍子	超声波萃取法	超声波功率200W,60%乙醇为提取剂,料液比1∶24,超声时间30min,提取温度40℃,提取2次	提取率达92.27%
30	紫背天葵	超声波萃取法	超声波功率400W,20%乙醇为提取剂,料液比为1∶13,提取温度50℃,提取时间80min	提取率可达10.04%
31	鱼腥草	超声波萃取法	超声波功率350W,蒸馏水为提取剂,料液比1∶40,pH=8,超声时间30min,提取温度60℃	提取率较高
32	玉米黄	超声波萃取法	超声波功率400W,60%乙醇为提取剂,料液比为1∶20,提取温度为50℃,超声时间为30min	提取率可达6.274%
33	黄栌	超声波萃取法	超声波功率400W,50mol/L乙醇为提取剂,料液比1∶15,提取温度30℃,超声时间30min	提取效果较好
34	锦灯笼	超声波萃取法	超声波功率500W,丙酮石油醚混合液(1∶2)为提取剂,料液比1∶20,提取时间25min	提取率较高
35	核桃青皮	超声波萃取法	超声波功率350W,50%乙醇为提取剂,料液比1∶10,超声时间为40min	产率可达7.25%

续表

序号	染料名称	提取方法	最佳提取工艺条件	提取效果
36	山竹壳	超声波萃取法	超声波功率350W,70%乙醇为提取剂,料液比1∶30,提取时间40min,提取温度70℃	提取效果较好
37	橄榄叶	超声波萃取法	超声波功率400W,70%乙醇为提取剂,料液比1∶15,提取时间80min	提取效果较好
38	桑葚	超声波萃取法	超声波功率为150~300W,95%的乙醇为提取剂,料液比为1∶20,超声波提取20min	提取效果较好
39	苋菜	超声波萃取法	超声波功率为40%,蒸馏水为提取剂,液料比为1∶40,提取温度80℃,超声处理20min	提取率达到最高
40	胭脂虫	超声波萃取法	超声波功率1400W,蒸馏水为提取剂,料液比1∶6,超声处理12min,提取次数5次	提取率可达42.08%
41	薄荷	超声波萃取法	超声波功率400W,蒸馏水为提取剂,液料比为1∶10,提取温度50℃,超声处理120min	提取率达到最高
42	辣椒红	超声波萃取法	超声波功率350W,丙酮为提取溶剂,料液比为1∶8,提取温度为35℃,超声时间为30min	提取率较高
43	黄莲	超声波萃取法	超声波功率为300W,80%的乙醇为提取剂,料液比为1∶20,超声波提取30min,提取温度50℃	提取率较高
44	一枝黄花	超声波萃取法	超声波功率为400W,70%的乙醇为提取剂,料液比为1∶10,超声波提取120min,提取温度50℃	提取率较高
45	银杏叶	超声波萃取法	超声波功率为400W,75%的乙醇为提取剂,料液比为1∶15,pH为9,提取时间80min,提取温度50℃	提取率较高
46	紫叶矮樱落叶	超声波萃取法	超声波功率为400W,料液比为1∶40,时间为90min,pH为6,温度为70℃	提取率较高
47	黑豆红	酶萃取法	2mg果胶酶加1mg纤维素酶,料液比1∶25,酶解pH为3.6,酶解温度55℃,酶解时间2h,提取2次	提取率可达26.60%

续表

序号	染料名称	提取方法	最佳提取工艺条件	提取效果
48	紫玉米芯	酶萃取法+超声波提取	纤维素酶用量10g/L溶液，pH为5.0，温度50℃，酶解30min，再在超声波功率250W，萃取温度40℃下萃取15min	提取得率达16.7%
49	乌饭树叶	酶萃取法	乙醇为提取剂，2mg果胶酶加1mg纤维素酶，酶解时间180min	提取率提高13.2%
50	栀子黄	酶萃取法	乙醇为提取剂，酶用量8mg/g，pH为5，酶解温度60℃，酶解时间180min	提取率可达98%
51	黑胡萝卜	酶萃取法	纤维素酶浓度0.5%、料液比1∶30，酶解温度50℃，pH=5.0，酶解时间120min	提取率为0.9485mg/g
52	姜黄	酶萃取法	蒸馏水为提取剂，果胶酶用量为4%，纤维素酶用量为0.4%，复合酶用量为3%，酶解温度50℃，酶解时间60min	提取效果较好
53	紫甘薯	酶萃取法	蒸馏水为提取剂，料液比1∶15，α-淀粉酶用量0.25%，果胶酶用量0.10%，pH=5.5，酶解温度50℃，酶解时间70min	提取率较高
54	榛子壳	酶萃取法	α-淀粉酶用量为2.2%，料液比1∶15，酶解温度55℃，酶解时间25min	提取率较高
55	红花黄	酶萃取法	纤维素酶浓度为0.15mg/mL，pH为5.0，酶解温度为60℃，酶解时间为60min，提取次数为2次	提取率较高
56	辣椒红	超临界萃取法	丙酮为提取剂，萃取压力30MPa，萃取温度35℃，萃取时间120min	色阶增加百分率达311.7%
57	胡萝卜素	超临界萃取法	丙酮为提取剂，萃取压力30MPa，萃取温度35℃，萃取时间120min，流量10L/h	提取率较高
58	胭脂树橙	超临界萃取法	含水量低于5%，萃取压力为30MPa，萃取温度35℃，时间180min，流量为9.6L/h	萃取率为90.1%
59	叶黄素	超临界萃取法	95%乙醇为提取剂，萃取压力为25MPa，萃取温度55℃，时间180min，流量为1.6L/h	萃取率为95.7%

续表

序号	染料名称	提取方法	最佳提取工艺条件	提取效果
60	番茄红素	超临界萃取法	90%乙醇为提取剂，萃取压力为30MPa，萃取温度55℃，时间120min，流量为22kg/h	萃取率为90%
61	叶绿素	超临界萃取法	以绿竹叶为原料，粉碎粒度40目，60%的无水乙醇为夹带剂，萃取温度55℃，萃取压力24MPa，萃取时间1.5h，流量30kg/h	叶绿素的提取率为3.23‰
62	茶多酚	溶剂提取+离子沉淀法	热水将一定量的茶叶浸提，加入氯化钠过滤，滤液中加入复合沉淀剂（1∶2混合的$AlCl_3$和$ZnCl_2$）形成络合物沉淀，再将沉淀投入pH为2.5~4.5的盐酸水溶液中溶解，在溶液中加入茶叶质量的2%~5%的亚硫酸钠后茶多酚再次游离出来，用乙酸乙酯萃取，洗涤得产品	提取率较高
63	黄柏	溶剂提取+冷冻干燥法	蒸馏水为提取剂，浓度10g/L，温度70℃，提取40min，提取2次，萃取液在-40℃预冻180min，预冻好的物料于真空度20Pa，冷阱温度-45℃，20h冻干，再烘干即得黄柏染料	无有机溶剂残留，染料纯度和提取率非常高

附录二 常用天然染料最佳染色工艺条件

序号	染料名称	染色方法	染色织物	最佳染色工艺条件	染色效果
1	栀子黄	直接染色	真丝	浴比1∶30，染料用量为2%（owf），pH=4.5，染色温度为70℃，时间为60min	色牢度可达3级以上
2	藏红花	直接染色	真丝	浴比1∶200，染料用量为5%（owf），pH=4，染色温度为60℃，时间为50min	色牢度可达3级以上
3	姜黄	直接染色	黄麻织物	染液浓度2.5g/L，浴比1∶80，染液pH=4，染色温度70℃，时间60min	色牢度可达4级以上

续表

序号	染料名称	染色方法	染色织物	最佳染色工艺条件	染色效果
4	郁金	直接染色	真丝	染料用量为4%(owf),pH=4,染色温度为60℃,时间为60min,浴比1∶40	色牢度可达3级以上
5	植物单宁	直接染色	真丝	染液固含量3.14%,浴比1∶30,染液pH=4,染色温度60℃,时间2h	染色效果较好
6	黄檗	直接染色	真丝	染液浓度10g/L,浴比1∶40,pH=4,染色温度60℃,时间40min	染色效果较好
7	靛蓝	直接染色	棉	染料用量为2%(owf),浴比1∶50,pH为碱性,染色温度30~40℃,时间30min	染色效果较好
8	大黄	直接染色	棉	染料用量6%(owf),浴比1∶30,pH=7,染色温度80℃,时间45min	染色效果较好
9	茶叶	直接染色	真丝	染料用量2%(owf),浴比1∶30,pH=4,染色温度90℃,时间45min	染色效果较好
10	茜草	直接染色	棉	染料用量2.5g/L,浴比1∶30,pH=9,染色温度80℃,时间30min	染色效果较好
11	苏木	直接染色	棉	染料用量10g/L,浴比1∶30,pH为中性或碱性,染色温度80℃,时间30min	染色效果较好
12	槐米	直接染色	羊毛	染料用量100mL/L,浴比1∶40,pH=4,染色温度85~90℃,时间45min	染色效果较好
13	紫草	直接染色	真丝	染料用量1%(owf),浴比1∶30,pH=3~4,染色温度40~60℃,时间45min	染色效果较好
14	竹叶	直接染色	羊毛	染液用量20g/L,浴比1∶50,pH=5,染色温度100℃,时间75min	色牢度达到3级以上
15	乌饭树叶	直接染色	真丝	染液浓度60~80g/L,浴比1∶50,pH=2~6或pH=7~8,染色温度80℃,时间60min	色牢度达到3级以上

续表

序号	染料名称	染色方法	染色织物	最佳染色工艺条件	染色效果
16	灵菌红	直接染色	羊毛腈纶	羊毛:染料用量4%(owf),乙醇:水为1:3,浴比1:50,pH=7.0,染色温度98℃,时间60min 腈纶:染料用量3%(owf),乙醇:水为1:2,浴比1:40,pH=6.0,染色温度95℃,时间50min	色牢度达到3级以上
17	姜黄	直接染色	改性棉	壳聚糖季铵盐改性剂浓度4%(owf),浴比1:50,改性温度80℃,时间40min;染料用量7.5%(owf),染色温度50℃,时间30min,pH为中性或碱性	表面色深度为6.1036
18	荷叶	直接染色	真丝	染液用量40g/L,浴比1:50,pH=5,染色温度90℃,时间60min,硫酸钠50g/L	色牢度达到3级以上
19	艾草	直接染色	真丝	染液用量50g/L,浴比1:50,pH=3,染色温度90℃,时间60min	色牢度达到3级以上
20	荩草	后媒染法	蚕丝	染液用量50g/L,铝媒染剂用量3g/L,浴比1:20,pH=6,染色温度60℃,时间30min	色牢度达到4级以上
21	黑米	后媒染法	真丝	硫酸亚铁媒染剂用量3g/L,浴比1:20,染色温度100℃,染色时间80min,pH=4,染液用量40g/L	可获得较好的颜色深度
22	高粱红	后媒染法	丝绸	染液用量20g/L,铝媒染剂用量3g/L,浴比1:30,pH=5,染色温度90℃,时间30min	色牢度达到4级以上
23	万寿菊	后媒染法	羊毛	染液用量10g/200mL,铝媒染剂用量5g/L,pH=4,染色温度80℃,时间30min,浴比1:30	色牢度较好
24	秦皮	后媒染法	棉	染料质量浓度12g/L,硫酸亚铁用量5g/L,pH=4,染色温度90℃,时间60min,浴比1:40	各项色牢度较好
25	葡萄皮	后媒染法	棉	铝媒染剂用量6g/L,浴比1:60,染液pH=4,染色时间60min,染色温度60℃,染液用量50g/L	色牢度达到3级以上

续表

序号	染料名称	染色方法	染色织物	最佳染色工艺条件	染色效果
26	栀子	后媒染法	羊毛	7%(owf)氯化镧为媒染剂,浴比 1∶40,pH=4,染色温度 90℃,染液用量 20g/L,染色时间 30min	上染率达 96.27%
27	槐花	后媒染法	丝绸	铝媒染剂用量 5%(owf),浴比 1∶25,pH=5,染色温度 90℃,时间 30min,染液用量 30g/L	色牢度可达 3 级以上
28	洋葱皮	后媒染法	亚麻织物	染料浓度 30g/L,铝媒染剂用量 5%(owf),浴比 1∶40,pH=4,染色温度 50℃,时间 30min	色牢度可达 3 级以上
29	紫甘蓝	后媒染法	丝绸	媒染剂 $MgCl_2$浓度 5g/L,浴比 1∶40,染色温度 70℃,染色时间 80min,染液用量 60g/L,pH=5	色牢度可达 3 级以上
30	紫米	后媒染法	羊毛	染料浓度 3g/L,铁媒染剂质量浓度 5g/L,浴比 1∶50,染色温度 90℃,染色时间 50min,pH=4	色牢度可达 3 级以上
31	艾蒿	后媒染法	柞蚕丝	染料浓度 40g/L,铁媒染剂质量浓度 7g/L,浴比 1∶50,染色温度 60℃,染色时间 40min,pH=7	色牢度可达 3 级以上
32	红刺梨汁	后媒染法	纯棉	染料浓度 10g/L,单宁媒染剂浓度 4g/L,浴比 1∶20,染色温度 90℃,染色时间 30min,pH=8,氯化钠 30g/L	色牢度可达 3 级以上
33	山竹壳	后媒染法	真丝	染料浓度 50g/L,硫酸铝钾用量 6%(owf),浴比 1∶20,染色温度 90℃,染色时间 60min,pH=4,氯化钠 30g/L	色牢度达 3~4 级
34	紫草	预媒染法	涤纶	明矾媒染剂用量 6%(owf),浴比 1∶50,染色温度 90℃,染色时间 30min,染料浓度 20g/L	色牢度达 4 级
35	栀子黄	预媒染法	棉	明矾媒染剂用量 6%(owf),染料用量 45%(owf),浴比 1∶25,,pH=7,染色温度 75℃,染色时间 30min	色牢度达 3 级以上

续表

序号	染料名称	染色方法	染色织物	最佳染色工艺条件	染色效果
36	黄菊花	预媒染法	羊毛	明矾媒染剂用量6%(owf),染料用量40%(owf),浴比1∶25,染色温度100℃,染色时间30min,pH=5	色牢度达到3级以上
37	西洋茜	预媒染法	真丝	明矾用量10g/L,pH=3.5,染色温度60℃,媒染时间20min,浴比1∶25,染液用量20g/L	色牢度达到3级
38	高粱红	预媒染法	羊毛	硫酸亚铁用量6%(owf),浴比1∶30,pH=5,染色温度90℃,媒染时间30min,染料用量60%(owf)	色牢度达到或超过4级
39	大黄	预媒染法	羊毛	硫酸铝钾用量5%(owf),浴比1∶40,pH=5,染色温度80℃,媒染时间30min,染料用量5%(owf)	色牢度达到3级以上
40	银杏叶	预媒染法	棉	染料浓度50g/L,硫酸铝钾用量5g/L,pH=11,染色温度75℃,时间35min,浴比1∶30	色牢度达到3级以上
41	黄连	同媒染法	羊毛	染料质量浓度75g/L,硫酸铝钾用量4%(owf),pH=8,染色温度60℃,媒染时间60min	色牢度达到3级以上
42	高粱红	同媒染法	真丝	硫酸亚铁媒染剂3%(owf),浴比1∶30,pH=4,染色温度90℃,染色时间45min,染料用量60%(owf)	色牢度达到或超过3级
43	胭脂红	酶促染色法	腈纶	腈纶先经2%(owf)苯甲醇预处理60min,再用5%(owf)的腈水合酶在浴比1∶50、pH=7、温度40℃条件下酶处理50h后,用胭脂红染色,染料用量5%(owf)	色牢度达到或超过3级

续表

序号	染料名称	染色方法	染色织物	最佳染色工艺条件	染色效果
44	栀子黄	微波辅助染色	棉	染料用量 1.5%(owf),微波功率 720W,pH=8,染色时间 6min,浴比 1∶40	各项色牢度均达到 4 级以上
45	大黄	超声波辅助染色	PLA 织物	超声波功率 0.3875W/cm^2,频率 40kHz,染料用量 5%(owf),染色温度 65℃,染色时间 60min,pH=5	上染率和 *K/S* 值最高色牢度达 4 级以上
46	栀子黄	纤维改性染色法	棉	15g/L 的阳离子改性剂与 4g/L 的烧碱在浴比 1∶20 条件下 70℃ 处理棉织物 1h,再用 2%(owf)的栀子黄染料在浴比 1∶20、80℃ 条件下染色 1h	各项色牢度均达 4 级以上